Gesammelte Werke

von

Prinz Emil von Schoenaich-Carolath

2. Band

Dichtungen II

Leipzig
G. J. Göschen'sche Verlagshandlung
1907

Dichtungen

Von

Prinz Emil von Schoenaich-Carolath

Zweiter Teil

Leipzig
G. J. Göschen'sche Verlagshandlung
1907

Spamersche Buchdruckerei in Leipzig

Inhalt

Requiem.

Die Nacht ist weich. Es duften stark
Im Glas die Rosen. Verschwelend knistern
Die Kerzen. Es murrt der Wind im Park
Gleich Orgelton aus tiefen Registern.

Wir sitzen allein. Es rinnt dahin
Der Atem der Nacht. Wie Geistersprache
Verklang das Vorspiel zu Lohengrin,
Ein Heimruf, im schwülen Prunkgemache.

Tief aus dem Garten, in Zickzackflucht,
Ein Falter naht, um von den Scheiben
Zum Kerzenglanze, mit störrischer Wucht,
Geblendet die zirkelnde Bahn zu treiben.

Er hat den sengenden Tod erwählt,
Sich sehnend, sein kurzes Sommerleben
Lichttrunknen Herzens, wunschgequält,
Der Schönheit opfernd, hinzugeben.

Ihn treibt zu Flammen ein dunkler Zug,
Und schweigend will er in Licht begraben
Des Lebens fröstelnden Eintagsflug,
Er will nicht Rettung noch Mitleid haben —

Du lächelst: Er war ein armer Narr;
In Spott aufblitzen deine Zähne,
Und dennoch wandert seltsam starr
Dein Auge zu der toten Phaläne.

Fühlst du der Schönheit uralten Fluch,
Vererbt aus verschollenen Sündentagen?
Ward plötzlich das kühle Byssustuch
Des Todesahnens um dich geschlagen?

Erwägt es heimlich vielleicht dein Sinn,
Es werde mein Stolz in Trümmer brechen
Und ich, zu Füßen dir stürzend hin,
Aufschreiend von heißer Liebe sprechen?

Wohl möcht' ich deinen betörenden Leib
Umschlingen, ein Spielball düstrer Gewalten,
Doch wenn ich erwachte, würd' ich ein Weib,
Ein müdes, am leeren Herzen halten.

Wohl möcht' ich, verlachend dein Machtgebot,
Mit Küssen bedecken dich, sinnverloren,
Und schlüge tausendmal siegend der Tod
Aus deiner Augen Sehnsuchtstoren.

Doch über der Schönheit, die lodernd lebt
In dir, gleich einem vernichtenden Sterne,
Ein dunkler, verhallender Hornruf schwebt,
Er ruft an dir vorbei, zur Ferne.

Er ruft von Schönheit und Glück abseit,
Von kurzen, schmerzenden Erdenwegen
Hinauf in die Hochluft der Ewigkeit,
Dem brausenden, neuen Lenz entgegen.

So breche auch ich mit fester Hand
Den knirschenden Stab vom Eschenstamme,
Und preise, daß ich den Heimweg fand
Von dir, du süße, lachende Flamme.

Ich gehe hinaus in die rauschende Nacht,
Zu scheiden, als Fremdling, unverstanden,
Gleichviel, ob deine Lippen gelacht,
Ob sie ein Wort des Mitleids fanden.

Ich halte dem Glücke das Totenamt
Und trage die Weltlast meiner Schmerzen
Zur Freiheit, die hinter Bergen flammt,
Zur Heimatsonne der Dichterherzen.

Holunderblüten.

Es ist ein Apriltag im Süden,
Ein Tag, gar süß zu verträumen,
Die Blüten, die weißen, müden,
Gleiten still von den Bäumen.

Das will mich an Herzen gemahnen,
Die in der Jugend Mitten
Schieden von Erdenbahnen,
Eh' sie geliebt und gelitten.

Das mahnt mich an Freudenlesen,
Als Jugend und Himmel einst offen,
An Träume, die groß gewesen
Und nun versunken ohn' Hoffen,

An alles, was einst mit Schimmer
Das Leben durchstrahlt und verhüllet,
An alles, was leuchtend immer
Und doch blieb unerfüllet,

An erster Liebe Schauer,
Die uns das Herz gewendet
Zu Gott, und doch in Trauer
So früh, so früh geendet —

Die Blüten, die uns lachten,
Die uns der Frühling genommen,
Eh' sie Erfüllung brachten,
Sind nicht vergebens gekommen.

Damit ein Sehnsuchtsschimmer
Geheiligt unser Lieben,
Und weil am Süßesten immer,
Was unerreicht geblieben,

Hieß Gott vorbei sie schweben,
Die Scheidestunde verfrühend,
Dereinst im bessern Leben
Sie uns zurückzugeben
Rein, ewig blühend.

Genrebild.

Herr Holger am Kamine sitzt,
Sein Brackhund bei ihm wacht,
Nacht ist's, die Flamme knistert, blitzt
Und der Klotz in der Lohe kracht.

Herr Holger in Sinnen versunken ist,
Er wirrt des Bartes Flaum.
Es streckt die Bracke den Widerrist,
Und beide sinken in Traum.

Es denkt der Hund an einen Tag,
Da die Heide hilfefern,
Da der Keiler über Herrn Holger lag
Und er befreit den Herrn —

Herr Holger doch martert seine Stirn
In Sinnen schwer und stumm:
Wie er zu Willen einer Dirn
Den Blutsfreund brächte um.

Kreuzfahrt.

Noch glaub' ich im Traum zu fühlen
Den Druck sanft und verzagt
Des Händchens, des schmalen kühlen,
Als sie mir Abschied gesagt;

Noch flattert beim Schimmer des Mondes
Fern über finstrem Moor
Gleißend ihr dunkelblondes
Leuchtendes Haar empor.

Noch oft beim Rauschen des Windes
Klingt der Widerhall
Fremd wie das Wort jenes Kindes,
Süß und verträumt von Schall;

Noch ist es mir oft, als riefe
Ihr Lachen silberklar
Aus murrender Gärten Tiefe
Herüber wunderbar ...

Ich schrecke empor; die Wüste
Dehnt sich, verblaßt und leer,
Hoch über die staubfahle Küste
Donnert das Syrische Meer,

Ich reite hinaus in die Fremde,
Und meine zuckende Hand
Zieht überm Kettenhemde
Fester das Büßergewand.

Merlin.

Wir sitzen im keltischen Eichenhag
Und schauen südwärts über die Wellen
Dorthin, wo rastlos, Schlag auf Schlag,
Die immerwandernden Wasser zerschellen.

Sie rauschten wie heute, da einst Merlin
In verschollenen Frühlingstagen
Aus dem Königsschlosse sein Lieb dahin
Zum Zaubereiland getragen.

Er hatte von ihrem Munde kaum
Den ersten Kuß genommen,
Da kamen durch gälischen Meeresschaum
Wikingsschiffe geschwommen.

Sie segelten im Dreikant an,
Ein schwarzes Riesengeschwader,
Drauf starrte von Eisen Mann für Mann
Und von Haß jedwede Ader.

Merlin entwich in die Wälder tief
Und hat mit Zauberspruche
Sein schauerndes Lieb, das im Arm ihm schlief,
Verwandelt in eine Buche.

Doch als der Zauberspruch vertönt,
Nach Streitern rief der Skalde,
Die brachen, in Fellen und stahlgekrönt,
Mit Gleißen hervor aus dem Walde.

17

Und als die Schnitter ihr Werk getan
Im grünen Inselreiche,
Trieb vom Solent zum Ozean
Die letzte Wikingsleiche.

Merlin doch ging in den Zauberwald
Von Kampf und Siegen zurücke,
Daß er seiner Liebe Huldgestalt
Wachküsse zu neuem Glücke.

Doch mochte den Mund er fort und fort
An den rauschenden Waldbaum pressen;
Er hatte des Zaubers Erlösungswort
Im Schlachtgetümmel vergessen. —

Merlin blieb ein glückloser Mann
Bis an sein spätes Ende,
Um seine Taten und Lieder spann
Ranken die Legende.

Nun rauscht im Lenze der keltische Hag,
Und die tausendjährigen Wellen lachen,
Uns aber wird kein leuchtender Tag
Verlorner Liebe vergessen machen,

Es wird kein Kronenreif Erins,
Kein brausender Sieg im Leben
Uns das versunkene Glück Merlins,
Die Jugend, wiedergeben.

Sommerfest.

Ins helle Land das Bergschloß droht,
Es rauschen von seinen Zinnen
Die Seidenfahnen leuchtend rot,
Trompeten schmettern drinnen.

Die schöne Braut am Söller steht:
„Hilf, Mutter, spähn in die Runde" —
‚Mein Kind, der Staub in Schwaden geht,
Im Dorfe bellen die Hunde.'

„Ach Mutter, ich sah den Tod als Gast!
Er kam um Festesmitten,
Vom roten, flatternden Fahnendamast
Gelockt, herbeigeritten.

Die knöchernen Glieder erzumstarrt
Und wölfisch witternd nach Beute" ...
‚Mein Kind, dich hat ein Traum genarrt,
Genieße das lachende Heute.

Den Toten gönne das finstre Reich,
Sie fordern Seelenmetten,
Dich aber umschlingen voll und weich
Des Lebens Rosenketten.'

‚Siehst, Mutter, den Reiter du sprengen im Hag,
Gefolgt von schnappenden Doggen?"
‚Ich sehe nur flimmern den Nachmittag,
Und im Windstoß wogen den Roggen.'

„Ach, Mutter, der grinsende Tod sprengt an
Auf klappernden Rosseshufen" ...
‚Mein Kind, dich täuscht ein Brausen im Tann
Und des Türmers Stundenrufen.'

Es stürzen die Gäste den Goldpokal,
Die Blicke lachen und flammen;
Da flieht die schöne Braut zum Saal,
Erbleicht und bricht zusammen.

Aufschreien Herren wie Gesind',
Zum Tor die Gäste drängen,
Das Schloß wird leer; der Sommerwind
Singt in den öden Gängen.

Es ragt, von brütender Schreckenslast
Erstarrt, das Schloß aus den Eiben;
Die Fahnen senken sich halbmast,
Der Abend brennt in den Scheiben.

Der schwarze Hanns.

Ein Försterhaus. Herbstabend. Um die Giebel
Stößt der Novemberwind. Im niedern Saal,
Dem rauchgeschwärzten, saßen am Kamine
Mein Freund und ich. Das derbe Jägermahl
War just beendet, durch das Zimmer zog
Schon blauer Duft, und in den Gläsern blinkte
Das Kirschenwasser. Am Getäfel stand
Der alte Förster, aus dem Maserkopfe
Ingrimmig dampfend, dann und wann ein Wort
Still vor sich brummend. Lächelnd schob mein Freund
Das Glas ihm hin: „Trink, Alter, laß die Grillen
Für heute ruhn! Du hast kein Recht zu schmollen
Nach solchem Jagdglück. G'rad' im letzten Triebe
Den starken Wolf! Er blieb im Feuer, nicht?
Ja, Blattschuß — Grabschuß. Kam er durchs Gehege
Dir flüchtig an? Nun, Kunde gib uns endlich,
Wie war's damit?"

„Womit? Ah — mit dem Wolf? —
Ach, gnäd'ger Herr, den hat die Kugel leider
Zu gut gefaßt, denn gerne hätt' das Vieh
Ich erst gewürgt und ihm mit meinem Messer
Rasch ein paar Löcher in den Balg gemacht —
So war's zu spät. Der Teufelsbraten rollte
Im Knall kopfüber, schnellte sich durchs Laub

Blutübergossen, sah mich nahen, heulte
Zehn Worte noch und streckte sich und starb,
Eh' ich herankam."

„Was? Ein Wolf ... zehn Worte?
Vernehm' ich recht? Plagt, Alter, dich das Fieber?
Ein Wolf — zehn Worte!" — „Gnädiger Herr, verzeiht,
Es ist die Wahrheit." — „Gut, so laß uns wissen:
Was sprach der Wolf?" — —

Der Greis griff nach der Stirne
Und schwieg und sann. Sein wetterbraun Gesicht
Durchlief ein Schimmer. „Als einst jung ich war,"
Begann er leise, „stand im Waldrevier
Noch eine Mühle. Wo der Glimmerbach
Zum Teich sich breitet, war's. Jetzt wuchert Schilf
Und Unkraut drüber. An der Mühle lag
Ein Blumengärtchen, frisch von Wasserstaub
Und Quellgeriesel. In dem Gärtchen blühte
Manch Rosenstrauch, doch schöner blühte noch
Des Müllers Gretchen ...

Ja, das war ein Kind,
Fromm, brav und herzig! Zöpfe hatte sie
Dick wie mein Arm, und was für Augen! Tief,
Ganz voller Sonne. Und wie lachte sie
So herzlich gern, wie klang ihr Lachen silbern
Und glücklich-hell! Kurzum — sie war mir gut,
Denn, gnäd'ger Herr, nicht immer war ich mürrisch

Und krumm wie jetzt! ’s gab eine Zeit, da schauten
Die Mädchen mich nicht eben ungern an;
Ich aber lachte, denn im Herzen hielt
Ich Müllers Gretchen.

Damals lag ein Krug
Hart an der Straße, die den Wald durchschneidet,
Ein Krug, wo Grenzer, Händler, fahrend Volk
Oft Einkehr suchten. Ein verrufnes Weib
Führte die Wirtschaft, in der Schenke half
Ein Sohn ihr aus. Man nannte ihn im Lande
Den ‚schwarzen Hanns‘. Herr, einen schlimmren Wildrer
Gab es noch nie. Schlau wie die Wildkatz, tückisch
Wie hundert Marder, grausam, feig, ohn’ Ehre
Und ohn’ Gewissen. In der grünen Saat
Fing er das Rebhuhn samt der Brut, der jungen,
Die noch nicht flügge. Auf die Wechsel warf
Er Draht und Schlingen, daß sich elend würgte
Zu Tod das Rehwild, sei es Bock, sei’s Geiß;
Das Muttertier, das hochbeschlagne, knallte
Er ruhig nieder, beutegierig, einzig
Auf Geld bedacht. Dabei unfaßbar, listig,
Den Jägern Freund, die eignen Raubgenossen,
Wenn’s immer ging, für guten Sold verratend.
Den Burschen fing ich nun, als einen Bock
Im Morgengraun er aus der Schlinge löste,
Und lieferte, wie’s meine Schuldigkeit,
Ihn ohne Mitleid auf das Landgericht.
So weit war’s gut, doch in den Städten sitzen

Am grünen Tische Herren, die das Recht
Aus Büchern lesen; die den größten Schuft
Oft schuldlos sprechen, und den Armen, der
Vor Hunger stiehlt, im Zuchthaus faulen lassen;
Die so viel fragen, daß ein klares Ding
Zuletzt zum Wirrsal wird voll Kniffen, Pfiffen;
Die's so weit bringen, daß zum X das U
Und zum Maulesel eine Müllerskuh —
Die schickten richtig auch nach ein paar Wochen
Den Hanns zurück. Seit jenem Tag begann
Ein stummer Krieg. Da fand ich meine Hunde
Im Stall vergiftet; da die Roggensaat
Auf meinem Acker über Nacht zertreten!
Da glimmte Zündschwamm im Gebälk am Haus;
Da pfiff durchs Fenster einmal eine Kugel
Mir hart vorbei, daß ich den warmen Hauch
Zu spüren meinte. Und dann endlich kam,
Was ich geahnt — im eigenen Reviere
Ein Hinterhalt. Die Hunde schnürten mich
An Kiefernäste so, daß wie ein Kreuz
Gestreckt ich schwebte. Tage gingen hin,
Bis man mich fand, doch lange Wochen schwanden,
Eh' ich erwacht. Ein Glutball zuckte kreisend
Mir im Gehirn, in den verrenkten Adern
Kochte das Blut. Doch ich war jung und nervig,
Kurz, ich genas. An einem Nachmittag,
Es war schon Herbst, schlich mühsam ich am Stabe
Hinab zur Mühle. Von den Bäumen fiel
Rotgelb das Laub. Das Gärtchen, drin so oft

Ich glücklich war, sah mich verwildert an,
Das Haus war still — kein Laut — die Räder standen
Schlafend im Bach. Am Tore kauerte
Der Müller selbst. Ein Lodenrock umfloß
Die hagren Glieder. Stumpf sah er mich an,
Ich aber lallte: ‚Gretchen — wo ist Gretchen —?‘
Da sprang er auf: ‚Verflucht! mein einzig Kind ...
Der schwarze Hanns ... geh weiter, Fremder, weiter
Und bet für sie ...‘

So, gnäd'ger Herr, so hat
Sich Hanns gerächt. Wo einst die Mühle ragte,
Liegt jetzt ein Teich. Verdorben und gestorben
Ist, was ich liebte. Ich ward zeitig alt
Und mürrisch drum. Griesgrämig und langweilig
Ward ich dazu. Verzeiht mir, gnäd'ger Herr,
Haltet's zu Gnaden."

In dem Schlote fing
Sich jäh ein Windstoß. „Alter, laß die Sorgen
Begraben sein. Nicht wußt' ich, daß dein Leben
So trübe war. Doch komme weiter nun,
Besinne dich — du wolltest von dem Wolf
Uns ja erzählen. Hier, trink noch einmal
Und komm zur Sache." — „Herr, ich blieb dabei,
Laßt mich nur reden. Seht, ich glaub' daran,
Daß jeder Mensch gewisser Art von Tieren
Genau entspricht. Es herrscht geheimes Band,
Herrscht Blutverwandtschaft, die sich nie verleugnet.

So glaub' ich fest an Seelenwanderung
Und an Vergeltung. Kühne Menschen waren
Wohl Löwen einst. Feiglinge wurden Mäuse,
Die sich verkriechen. Schlaue Winkelschreiber
Werden zu Füchsen. Keiner macht mir weis,
Daß unser Propst, der fett auf seiner Pfründe,
Nicht einst ein Dachs war. Kommt der Veitel mir,
Der Betteljude, furchtsam greinend an,
So ruf' ich: ‚Hase!‘ Hase — ja, fürwahr
Ich wär' kein Jäger, kennt' ich nicht den Blick
Auf Schrotschußweite, den gehetzten Blick
Des Vagabunden! Keine Ruhe hat
Der Heimatlose. Stündlich frischgehetzt
Von groß und klein, verhöhnt, verjagt, verschrieen
Ohn' Rast, ohn' Obdach, ist die beste Wehr,
Sich still zu ducken. Doch umsonst — die Ohren,
Die schlotternden, trübselig großen Ohren
Verraten ihn. Seht euch den Veitel an,
Gnädiger Herr, und sagt ..."

„Beim Himmel, Alter,
Kommt nun zum Ziel! Vom Wolfe sprachen wir,
Hört Ihr, vom Wolf! Was tat er, als die Kugel
Das Fell ihm schlitzte? Fürder wollt vom Weg
Nicht nutzlos schweifen." —

„Gott behüte, Herr,
Das tat ich nimmer. Just bin bei dem Wolfe
Ich angelangt. Fürwahr, es gibt kein Tier,

Das feig, so elend feig trotz seiner Stärke
Als solch ein Wolf. Tags schleicht er durch den Wald,
Blinzelnd und scheu, kaum daß an eine Ratte
Er frei sich wagt. Was tut das Teufelsvieh?
Es spioniert! Wohin zur Rast sich setzte
Ein müdes Reh, das merkt er sich — wo immer
Ein wehrlos Wesen weilt, da kreist im Bogen
Er rastlos hin. Und ist die Nacht gekommen,
Wird er zum Mörder. Lautlos hingestreckt
Am nassen Boden, kriecht er, schweißbegossen
Vor Angst und Gier, bis arglos er, im Bette,
Sein Opfer findet. Und er tötet still,
Der schmutz'ge Würger! Kommt es, daß der Schrei
Der wunden Hinde jäh den Platzhirsch weckt,
Den braven Wächter, klemmt er scheu die Rute
Und läuft davon. Er mordet nur, was schüchtern
Und wehrlos ist. Hat er sich mal verritten
In blinder Gier, und droht ihm die Gefahr,
Wird seine Feigheit kläglich offenbar.
So ging es heut'; nach einer langen Hetze
Saß unser Wolf gefangen wie im Netze,
Ich sah ihn ratlos auf und nieder schleichen,
Das Haar gesträubt auf seinen magren Weichen,
Ich sah, wie er ins Heidegras sich drückte
Und wie verzweiflungsvoll er um sich blickte,
Dicht hinter ihm mit Knütteln alle Treiber,
Er wagte nicht, sich über ihre Leiber
Den Weg zu bahnen, und nach meiner Buche
Nahm er den Weg, als ob er Gnade suche;

Er sah mich an, so demutsvoll, so fragend,
Mit trüben Augen, die ganz menschlich klagend,
Und wedelnd wies er, wie ein Hund, die Zunge —
Ich aber schoß ihn mitten durch die Lunge,
Und warf mich auf ihn mit gezücktem Messer,
Damit er rascher stürbe, nur nicht besser.
Doch kam zu spät mein ungestillter Eifer,
Kopfüber ging er, ganz voll Blut und Geifer,
Und starb und sprach zehn Worte, zehn an Zahl:
‚Ich bin der schwarze Hanns, der dir die Grete stahl.'"

Mittagsgespenst.

Die graue Stadt im Norden
An flimmernden Watten liegt,
Darüber herb von den Fjorden
Der salzige Seewind fliegt.

Die Türme, die Schlote ragen,
Es hütet der finstre Platz
Aus meinen Jugendtagen
Mir einen verborgnen Schatz.

Oft taucht im Kranze der Myrte,
O Liebste, dein Bild empor,
Noch klingt mir das süß verwirrte
Wort deiner Treue im Ohr,

Dann sannest du kalten Ermessens
Und wähltest Ehren und Gold ...
Die Sturmflut des Selbstvergessens
Ist über dich hingerollt.

Nun lebst du, beneidet, umworben,
Dein Rotmund flüstert und lacht,
Und doch bist du längst gestorben
In schauriger Frühlingsnacht,

Du bist versunken, verloren,
Und über den schimmernden Hort
Wie zu Julin und Stavoren
Wandern die Wellen fort.

Mich aber faßt jäh im bunten
Leben ein fremder Klang,
Der aus der Tiefe dort unten
Lähmend ans Herz mir drang.

Oft bleib' ich am heißen Strande
Erblassend, ein Träumer, stehn,
Denn tief im versunkenen Lande
Hör' ich die Glocken gehn,

Und fern, ein Schemen verschwebend,
Ragt glitzernd, von Wellen umwiegt,
Die Stadt, wo lachend und lebend
Mein Lieb begraben liegt.

Erscheinung.

Zum Fenster drängen sich erschrocken
Die dunklen Bäume bei Zwielichtschimmer;
Die tote Braut schwebt still durchs Zimmer,
Im Sterbekleide, mit dunklen Locken.

Im Glase duftet Kirchhofsflieder;
Sie spricht: Ich habe nicht Ruh' im Grabe
Und muß allnächtlich kehren wieder,
Weil ich dich einst verraten habe.

Aus Junitagen.

Zwei Rosen leuchtend frische
Trug sie im dunklen Haar,
Ihr Blick, der träumerische,
Voll Glanz und Jugend war.

Das Korn durchlief ein Wogen,
Am Himmel weiß und weit
Die Federwolken zogen,
Es war zur Junizeit.

Die Lande küßte leise
Ein Glockenklang im Wind,
Und mein zur Lebensreise
Gab sich ein glückliches Kind,

Sie träumte von Glück und Frieden,
Von Lenzen, die nicht vergehn —
Und doch durft' ich hienieden
Sie nur noch einmal sehn.

Da schlang ein Kranz von Myrten
Sich durch ihr dunkles Haar,
Buntdüstre Schatten irrten
Um Chorstuhl und Altar,

Die Kerzen schwelten finster,
Der Tauwind sang am Dach,
Als man für sie im Münster
Das de profundis sprach.

Die Einkehr.

Kein Stern vor heller Schenke,
Kein Kranz von Birkenlaub
Am blanken Schildgehenke;
Nur Sonnenglut und Staub.

Auch trägt nicht nach den Frohen
Mein müdes Herz Begehr,
Nur ihre Lust bedrohen
Würd' meine Wiederkehr.

Dort oben auf dem Bühle
Ein Kirchlein lacht ins Land,
Mit dunklem Chorgestühle
Und Bildwerk allerhand.

Davor im Lindenschatten
Ein Gottesacker liegt,
Um Kreuz und Gräberplatten
Das dürre Feldgras fliegt.

Und zwischen den Ruinen
Des Mittags Laut verstummt,
Ein Heer von wilden Bienen
Im Sonnenglanze summt,

Es rauschen still die Linden
Dem müden Lebensgast:
Hoch über Staub und Winden
Wirst früh du wiederfinden,
Was du verloren hast.

Verblühter Frühling.

Es ist ein trüber Junitag,
Der Nebel rinnt durch feuchtes Grün,
Der Pirol singt mit süßem Schlag
Und taubeschwert die Rosen blühn.

Tief in des Parkes Blätternacht
Ein Rauschen schläft, ein trüber Schall,
Als würd' ein Glück zu Grab gebracht
Bei leisem Frühlingsregenfall.

Noch träumt verschollen in der Luft
Ein Lachen, das im Park verstob,
Noch schwimmt im jungen Grün der Duft,
Der einst ihr blondes Haar umwob.

Sie selbst, zog längst die Silberspur
Dorthin, wo keiner bangt noch irrt —
Jetzt schläft der Park, ein Windstoß nur
Die tropfenschweren Bäume wirrt.

Und leise strebt in heil'ger Ruh
Vom Lenz, des Blütentraum zerbrach,
Mein Herz der großen Heimat zu,
Ewig geliebtes Lieb, dir nach.

Nach dem Gewitter.

Nun zucken verlodernd, versunken
Die Blitze vom Waldesrand,
Es regnet, sattgetrunken
Hat sich das brünstige Land.

Ein Eichbaum am Hügelkamme
Verknistert im Wetterschein;
Um Höhen buhlt die Flamme,
Das Tal nur birgt Gedeihn.

Den goldnen Weizenschobern
Schuf kein Gewitter Harm —
Schon bricht in frohem Erobern
Vom Dorf ein Schnitterschwarm.

Es muß, ein Brand im Regen,
Auch der Poet verglühn,
Der Dichtung Feuersegen
Durchs dunkle Land zu sprühn.

Scherben.

Durch die Gassen, er eilt nicht sehr,
Schiebt ein Trödler den Karren her;
Viele Leute wandern vorbei,
Fragen, was wohl zu haben sei.
Scherben — kauft Scherben!
Und sie wenden sich murrend dann:
Dieser seltsame Handelsmann
Wird kein Gut sich erwerben.
Scherben verkaufen ist Brauch nicht noch Fug,
Scherben hat jeder selbst genug.
Rufen wir rasch die Polizei,
Denn uns stört des Bettlers Schrei:
Scherben.

Aus dem Dickicht vor dem Tor
Zieht der Bettler die Karre hervor,
Spannt sich ein vor den Scherbenschund;
Treulich folgt ihm nur sein Hund
In des Hungers Verderben.
Ach, ihr Reichen seid gut daran,
Kauft euch ein neues Porzellan;
Doch des Ganzen ist keiner wert,
Der nicht schweigend die Scherben ehrt.
Seht, euer Haus bis zum Turmesknauf
Baut sich aus Scherben der Armut auf,
Fremdes Bemühen und fremde Kraft

Haben euch alles herbeigeschafft;
Was an Trümmern das Leben weist,
Habt ihr Reichen verschuldet zumeist.
Glaubt mir, vergeßt nicht höhnisch und satt,
Was euch die Armut erworben hat,
Raubt dem Volke zu keiner Zeit
Glauben an Gott und Gerechtigkeit.
Nehmt ihr dem Volke dies Osterei,
Hilft euch dereinst kein Eiapopei,
Und kein Glockenläuten versöhnt,
Wenn die Carmagnole tönt,
Eure bluttrunknen Erben.
Ihr doch, die arm und beladen seid,
Wisset: Reichtum schafft Sünd' und Leid.
Was auf prunkendem Sockel steht,
Morgen leichtlich zum Kehricht geht,
Ja, der Menschheit Entwicklungsgang
Schiebt durch Schutt sich und Scherbenklang.
Jenes ist stets das größte Gedicht,
Draus der Schrei um Zerschlagnes bricht.
Menschenglück ist zerbrechlich Ding,
Aber du, dem's zu brechen ging,
Willst als ein Held du sterben,
Schlage dir selbst entzwei beizeit
Alles, was unwert der Ewigkeit,
Fürstengunst und Parteientum,
Huld der Massen und lauten Ruhm.
Wenn du den Plunder hast eingesargt,
Setze dich an den Lebensmarkt,

Und den Narren des Glücks zulieb
Zeige, was dir im Sacke blieb.
Schutt, der blitzend noch Leben lügt,
Heilige Trümmer, die Gott nur fügt,
Träume, begraben in tiefster Brust,
Kämpfe, davon kein Freund gewußt,
Brechende Hoffnung, einst stolz gehegt.
Aussaat, der Ewigkeit gelegt,
Qualen und Freuden, vergangen wie Rauch,
Deine, Freund Leser, die meinen auch —
Scherben.

Vorüberreitend.

Dort, wo die Wiesen abwärts gehn
Zur blauen Bergeskette,
Mag tief im rauschenden Walde stehn
Die kleine verlaßne Gloriette.

Es liegt das Schlößchen bis an den Hals
Im Efeu verstrickt und verloren,
Die steinernen Wappen von Mainz und Kurpfalz
Bröckeln über den Toren.

Es klettern über den Erker stumm
Wildwein und Feuerbohnen,
Vom lecken Brunnen starren dumm
Pausbäckige Tritonen.

Einst in den Tannen sank der Wind,
Es schwatzten süß die Staare,
Im Sonnenscheine stand ein Kind
Mit weichem, goldleuchtendem Haare.

Es blühten würzig düsterbunt
Die Nelken an den Wegen,
Doch heißer schwoll der Liebsten Mund
Dem jungen Glück entgegen.

Des Hirsches Brunstruf schnob vorbei,
Es war zur Mittagsstunde,
Von ferne nur scholl ein Häherschrei
Über dem schwülen Grunde,

Zuweilen die brütende Flur entlang
Zog es wie Taubengirren,
Zuweilen murrten die Bäume bang,
Rauschend in Traumeswirren.

Und um uns schloß im Dämmerschein
Der Wald sein goldgrünes Gitter;
Da brach ein Windstoß jäh herein,
Es kam ein Lenzgewitter ...

Ich habe verlassen mein Heiligtum,
Um trügendes Glück zu jagen —
O goldnes Vlies, o finstrer Ruhm,
Wie seid ihr schwer zu tragen!

Mag lachen das Leben königlich
Aus allen Türen und Toren,
Ich trage Reue und Leid um dich,
Die ich verkannt und verloren.

Nun decken die Wälder in Ewigkeit
Ein Glück, das ich verscherzte;
O Jugend, wie bist du so weltenweit,
Du Heilige, nie verschmerzte!

Bald küßt die schauernde Heimatflur
Der Lenz, der lachende neue,
Doch krächzend um meiner Schritte Spur
Flattern die Raben der Reue.

Der Tag bricht an, ein Sturm aus West
Wälzt sich über die Hügel,
Mit Schüttern und Gleißen, in Stahl gepreßt,
Traben Heeresflügel,

Wir ziehn des Wegs zum letztenmal,
Und auf dem Schild mit Beschwerde
Trag' ich ein Kreuz von schwarzem Stahl
Zur gelobten Erde.

Albumblatt.

Wer nicht genährt der Dichtung heil'ge Flamme
Vom eignen Mark; vom eignen Lebensstamme
Die Sparren brechend, daß die Lohe wehe,
Ist unwert, daß sein Dichterwerk bestehe.
Denn Dichter, die Gott hergesandt als Große,
Daß helle Spur sie zögen durch die Nacht,
Die haben stets, auf einem Scheiterstoße,
Ihr eignes Herz als Opfer dargebracht.
Es sühnt ihr Lied die Lebensschuld der Zeit,
Ihr Opfer schafft versöhnte Seligkeit.

* * *

Hab nicht zu lieb die knospende Rose:
Es flöge gar bald
Ohn' Heimat, ohn' Halt
Ihr Duft dir vorüber ins Uferlose.

Unsterblich ist Schmerz allein.
Was nie du besessen,
Ersehnt, nie vergessen,
Wird deines Himmels Grundbau sein.

* * *

Den Daseinsfrohen, den emsig Lebenden,
Am Alltagskleide rüstig Webenden
Gehört die Welt mit goldnen Halmen.

Doch jene, die fröstelnd in Lebensmitten
An Sehnsucht, an Schwermut, an Heimweh gelitten,
Krönt erst der Tod mit Friedenspalmen.

* * *

Menschlein plagen sich viel
Mit nichtigem Streben;
Ruhm, Ehren, Fürstengunst
Sind fliegender Dunst,
Lichtlein, irrend vom Ziel.
Ewig sind Glaube, Hoffnung, Vergeben,
Arbeit und Wohltun. Der Rest vom Leben
Ist Puppenspiel.

* * *

Ein tiefes Leuchten zuckt im Edelstein.
So bricht aus Herzen, die von edlem Stamme,
Rastlos der Liebe gottgeborne Flamme,
Der finstern Welt ihr Strahlengut zu leihn.

Nebeltag.

Vorbei nun ist es mit den blauen Tagen,
  Es senkt der Herbst die graue Schlußgardine;
Vom Garten, der einst Rosenpracht getragen,
  Dringt Grabesduft verblühter Balsamine.

Ein letztes Ideal ward mir zerschlaegn,
  Brief zuckt auf Brief verflammend im Kamine;
Indessen Schauer überm Parke jagen,
  Pfeift hell der Sturm die Abschiedskavatine.

Mir ahnt es trüb: wer um das Glück der Erden
  Sein Herzblut gab, den trösten nur hinferne
Noch Arbeitslämpchen und Kamingefunkel.

Denn alle Wonnen, die begehret werden,
  Die Welt, der Ruhm, die Frauen und die Sterne,
Sie wärmen nicht, und sind im Grunde dunkel.

Der schmale Weg.

Zwei Pfade sind es, die zur Wahl auf Erden.
Der breite frommt den Lebensfrohen, Satten,
Des andern Bahn umdüstern Höhenschatten;
Ihn wandern jene, die das Sternenzelt
Zum Obdach wollen, die an Feuerherden
Als Flammenhüter lagern, fern der Welt.
Und wenn im Tal zu lähmend weilt die Nacht,
So schleudern von des Felsens schroffster Gabel
Ein brennend Scheit sie niederwärts mit Macht.
Das stürzt ins Leere, funkensprühend zieht
Es seiner Flugbahn blitzende Parabel;
Dem Flammenscheit gleicht jedes große Lied.
Die Wachefeuer, deren Flackerlichter
Auf fernen Höhenzügen lodernd stehen
Rotflammend, ewig einsam, sind Ideen,
Und ihres Brandes Hüter nennt man Dichter.

Unvergeßliche Liebe.

Die abgebrochne Rose liegt
Im Sand, und auf dem Kelch, dem roten,
Ein Falter im Genuß sich wiegt,
Nimmt Duft und Glanz von einer Toten.

Selbst toter Liebe wohnt die Macht
Geheimnisvollen Glückes inne,
Und keine späte Sommerpracht
Entthront des Herzen erste Minne.

Lebensverneinung.

In grünen Wassern schillert kühl der Schnee
Von Felsenwänden, die sich schroff erheben,
Daran buntschaurig Martertafeln kleben,
Als Schlußbild mancher Lebensodyssee.

Ein Nebeltag will auf den Wassern schweben
Wie Trennungsleid, des Daseins Grundidee;
Sieh, Frauen gibt es, die gleich jenem See
Entsagung hauchen allem warmen Leben.

Zu diesen zwingt ein angestammter Fluch
Den Dichter hin, der, wie vom Tod getrieben
Dort Glück gesucht, wo nur ein Abgrund war.

Schwermütig webt der Herbst ein Schleiertuch
Um Martertäflein, und kein Dichterlieben,
Kein Dichtergrab bleibt solchen Täfleins bar.

Aus alter Zeit.

Als Großmütterlein am Leben war
Und Dämmerung kam geschritten,
Begann der Enkel muntre Schar,
Um Märchen sie zu bitten.

Es war so wohlig im Erkergemach,
Die Alte sann und nickte,
Der Wind fuhr klappernd übers Dach,
Die Wanduhr leise tickte.

Da stiegen aus dem Dunkel empor
Viel schaurige süße Sagen,
Wir sahen Falada hangen am Tor
Und hörten Lindagulls Klagen,

Wir sahen in blauer, mondblitzender Flut
Spielen die Wasserfeien,
Wir sahen manchen Ritter gut
Gen Drachengezücht turneien,

Wir sahen die Zwerge schürfen Gold
In gleißenden Gängen und Adern,
Wir fochten um hoher Minne Sold
Mit Riesen und Mohrengeschwadern.

Es war ein geliebtes Königskind,
Ein blondes, mit blassen Wangen,
Doch floß der Strom zu tief und geschwind,
Konnt' keiner hingelangen ...

Bald trug man Großmutter zur letzten Ruh',
Das Elternhaus ward leerer,
Und das goldne Märchenbuch klappte zu;
Die Jugend ward ernster und schwerer.

Bald nahte der Sorgen zwerghaft Pack
Auf glatten, schlüpfenden Sohlen,
Da ward mir früh der Märchensack
Voll goldner Nüsse gestohlen;

Und ach, die glänzendsten Ritter zumeist,
Mit buntbefiedertem Helme,
Sie blieben selten Ritter vom Geist,
Sie waren verkappte Schelme.

Und Königin Berta spinnt nicht mehr
Den Faden mit goldner Spule,
Und hoher Liebe zu Preis und Ehr'
Versinkt kein Becher auf Thule,

Es wurden im klugen Alltagsschein
Zu Schatten der Sage Gestalten,
In einem doch, lieb Großmütterlein,
Hast unrecht du behalten.

Das Königskind, es blieb kein Traum,
Es ward der Strom durchschwommen —
Nun ist des Glückes Lindenbaum
Zu voller Blüte gekommen.

Gesegnet seist du, Liederpracht
Du tiefe, du deutsche, du holde,
Du Schatz, der unserm Volke lacht
In unvergänglichem Golde,

Dich werden hüten und lassen nicht
Die Herzen von deutschem Schlage,
Auf daß ihr Leben bei ernster Pflicht
Stets lachende Rosen trage,

Daß unsern Enkeln als fester Hort
Der Wunderglaube bliebe
An jenes wahrste Märchenwort,
Das Märchen treuer Liebe.

Eterna doglia.

Die blasse Rose starb in deinen Händen,
Mit schwarzen Augen sahst du tief ins Leere,
Des Abendrotes schräge Flammenspeere
Verglühten hinter dunklen Taxuswänden.

Der Sommer wich, rot starrt die bittre Beere
Vom Lebensbaum, und mit erloschnen Bränden
Verfärbt sich über fröstelnden Geländen
Der Tag in Flucht vor fernem Wolkenheere.

Auch uns ergreift des Abschieds großer Zug,
Denn keine Liebe sättigt bis zum Grunde
Ein Herz, das Gott mit ew'ger Sehnsucht schlug.

Dies Herz begräbt zu kalter Abendstunde
Jedweden Wunsch, den unerfüllt es trug,
Tief in des Himmels roter Sonnenwunde.

Die Unbekannte

Es war zu Rom. Des Pincios Terrasse,
Die lorbeerdunkle, strenge, marmorblasse,
Durchzog im Korso buntgeschart die Menge,
Und Wagenreihen teilten das Gedränge.
Den Frühlingstag genoß das Volk zu Rom;
Durchs Stimmgewirre schlug vom Petersdom
Und San Onofrio bald dumpf, bald helle
Das Abendläuten, und dazwischen klang
Ein Walzertakt, den die Musikkapelle
Mit Geigenstrichen melancholisch sang.
Die Abendsonne ruhte rot und schräge
Auf allen Wipfeln, und mir war, als läge
Ein Abschiedsblick, den sonst ich nie gesehn,
In ihrem schönen, frühen Niedergehn,
Denn jener Tag, der hinter dunkeln Bäumen
Zögernd versank, Glutwolken im Geleit,
Der letzte war er meiner Wanderzeit,
Die mir vergangen flüchtig bunt, wie Träumen.
Drei Jahre lang war ich in Rom geblieben,
Nun sangen deutlich mir die fernen Lieben
Des alten Liedes altbekannte Weise,
Wie's Zeit nun sei, daß ich zur Heimat reise,
Daß ich die tolle Wanderfahrt beende,
Mein Augenmerk auf eine Jungfrau wende,
Auf eine sittsam-ruhige Cousine,

Die still und häuslich sei gleich einer Biene,
Und mir das Glück, das wahre Glück der Erde,
Mit vollen Scheffeln treulich messen werde ...
Ich aber dachte: „Schönes Rom, ade,
Nun geht's hinein in deutschen Winterschnee,
Ich trank zu viel von dir, Fontana Trevi,
Das wird sich rächen, fürcht' ich, manu brevi.
Ewige Stadt, nimm meinen letzten Gruß;
Du hast beschirmt mein Dichten und mein Streben,
Und einen Schmerz nur hast du mir gegeben,
Der eine ist's, daß ich dich lassen muß.
Hab Dank, hab Dank!"
Und wie zum Korso jetzt,
Zerstreut und traurig, einen Blick ich sandte,
Starrte mein Blut, denn ich ersah, entsetzt,
Mit süßem Grauen, eine Unbekannte.
Ihr Wagen hielt, gehemmt auf staub'ger Spur,
Durch Menschenwogen; reglos in den Kissen
Lag sie, geschmiegt in schwarze Seide, nur
Am Schultersaum schneeweiße Frühnarzissen.
Sie lag wie sinnend, der Aprilwind trieb
Ihr küssend aus der Stirn die krausen, weichen
Tiefbraunen Locken ... ich doch schwieg und blieb
Stehn wie gebannt und fühlte mich erbleichen.
Sie sah mich an — und wie mich überflammet
Ihr dunkles Auge, sengend, streifend kaum,
Da wußte ich: dies Auge voller Sammet
Und Sonnenschein, ich sah es schon im Traum;
Die schmale Hand, die dort mit müdem Regen

Den Fächer senkt, auch sie hat schon bei Nacht
Auf meiner Stirne weich und kühl gelegen,
Und auch dies Lächeln hat mir schon gelacht!
Ich sah's, als Kind vielleicht, in einer Quelle,
Vielleicht als Jüngling, in der Sternenhelle
Römischer Nächte, wenn ich hab' gedacht
An gute Freunde, die Valet geschrieben,
An blonde Liebchen, die nicht lieb geblieben,
An Erdenfreuden, die verweht, verstoben,
Und an das große Wiedersehn dort oben —
Stets war das Lächeln innig, gut und herzlich,
Wenn ich dem Leben Hohes abgestritten,
Wenn ich gefehlt, gezweifelt und gelitten,
Wie war es mild, vergebungsvoll und schmerzlich;
O halte stets an meinem Herzen Rast,
Du holde Fee, die du dies Lächeln hast,
Du guter Engel, den mir Gott gegeben,
Du Silberschnur, gewoben durch mein Leben,
O bleib bei mir, du Himmelsabgesandte — — —
Ein Windstoß kam. In Wirbeln flog dahin
Der Staub am Weg... und wo die Sonne brannte
Rot und verglühend überm Aventin,
Verschwand auf ewig meine Unbekannte.
Wohl folgte lang und irrend ihr mein Schritt
In Sehnsucht nach — ich sah sie nicht mehr wieder,
Der Traum war aus; in meinem Herzen glitt
Lautlos und still ein dunkler Vorhang nieder.

*

Und als betrübt gen Deutschland ich gefahren,
Fand ich die Heimat farblos wie vor Jahren,
Es regnete just recht beharrlich-leise
In altgewohnter, hergebrachter Weise,
Es nickten steif die Pappeln, die bekannten,
Und steifer noch die Vettern und die Tanten;
Sie wünschten sehr, daß endlich Platz ich nehme
Und, seßhaft, mich zu Brot und Amt bequeme,
Daß die Cousine dann ans Herz ich zöge,
— Gesetzt, beiläufig, wenn sie mich noch möge —
Ich solle hasten, daß mein Nest ich mache,
Ein Spatz zur Hand sei mehr als zehn am Dache,
Dem deutschen Bürger sei die Fremde schädlich,
Er bleib' im Land und nähr' sich still und redlich. —
Ich zog die Flügel achselzuckend krumm
Und wanderte ins Ministerium,
Ich lernte sparen, ordnen, arrondieren,
Auch inskribieren, kon- und rezipieren,
Doch fegten mir die zugestutzten Schwingen
Den Blütenstaub unmerklich von den Dingen.
Trank Rheinwein ich, wie manchmal es geschah,
Befiel mich Wehmut inter pocula,
Mein Lebensfazit, oft ergab es Brüche
Und salzdurchtränkt schien mir des Daseins Küche,
Ich schritt allabendlich zum Goldnen Leuen,
An Politik und Whistspiel mich zu freuen,
Und pries dabei mit hohem Selbstgefühle,
Daß ich ein Werkrad in des Staates Mühle.
Im Rate sprach ich und im Landtag mit

Und tappte vorwärts meinen Bürgerschritt,
Das hohe Gut, danach sich still verzehrt
Manch deutsches Herz, ward zeitig mir beschert:
Aus heitrer Luft fiel mir aufs Haupt ein Orden,
Und deren Zahl ist größer stets geworden.
Der Würden Strom, wohl floß er täglich reicher,
Doch ach, mein Haar, auch täglich ward es bleicher,
Als Trost dafür — ein schlechter freilich ist er —
Ward eines Tages endlich ich Minister ...

Nun sitz' ich alt und einsam am Kamine,
Es fehlt mir die beglückende Cousine;
Die Scheite seh' ich in der Lohe schwitzen,
Ich hör' sie krachen, seh' die Funken blitzen
Und seh' den Rauch gar kraus geballt sich heben
Zum Schornstein Tod, der, leitend aus dem Leben
Die Handvoll Staub, die wir in Lieben, Hassen,
In Wollen, Streben, Tun und Unterlassen,
Auf dieser Welt mühselig aufgesäuselt,
Ins Ätherblau als Opferwölklein kräuselt ...
Ich denke gern, seh' ich den Dampf verschweben,
An alles, was ich liebgehabt im Leben —

O meine süße, unbekannte Dame!
Welch Rätsel bargest du? Wie ist dein Name?
Wo magst du sein, wo magst du weilen, wandern?
Im Süden wohl ... am Herzen eines andern —
O bleib ihm treu! Doch Augen wie die deinen,
Sie werden mir auf Erden nicht mehr scheinen,

Wohin fortab auch meine Pfade gehn,
Dich werd' ich niemals, niemals wiedersehn,
So leb denn wohl — auch dich muß ich verschmerzen,
Doch nur mit schwerem, bitter schwerem Herzen,
Und hart bedrängt mach' ich die Not zur Tugend:
Denn du, das weiß ich jetzt, warst — meine Jugend.

Gruß an Deutschland.

Es liegt ein Märztag trüb und weich
Auf mitteldeutschen Hügellanden,
Zur Rüste geht des Winters Reich,
Es bricht das Eis, die Schollen stranden,
Im Tropfenfall steht windgeneigt
Der Wald, des Winterschlafs entraten,
Und auf den nassen Äckern zeigt
Sich zarter Schimmer junger Saaten.

Wildgänse ziehn mit schnellem Flug
Und hellgestimmter Wanderweise,
Auch unser Herz erfaßt ein Zug,
Daß es dem Lenz entgegenreise.
Ein Wind aus Süden kommt mit Kraft
Und löscht den Schnee von Furt und Brücke,
Er treibt auch uns zur Wanderschaft
Nach unbekanntem, großem Glücke.

Mein Deutschland, du bist stark und groß,
Und doch ist eigen deinen Söhnen
Ein weicher Kern, ein Sehnsuchtslos
Nach allem Fernen, allem Schönen;
In deutschen Liedern lockt und klingt,
Es wohnt in deutschen Herzensträumen
Der Circe Lachen goldbeschwingt,
Des Griechenmeeres weiches Schäumen.

Im schwarzen Schachte gleißt das Erz,
Der Hammer dröhnt, die Funken springen,
Doch heimlich hört das deutsche Herz
Im Hörselberg die Geigen klingen;
Vom Zug der Esse scharf umbraust,
Der Meister läßt kein Säumen merken,
Doch immer lebt als Sohn des Faust
Er über seinen Erdenwerken.

O sei gesegnet, dunkler Ruf
Vom Nertushaine, der uns Zeiten
Der Sehnsucht nach dem Schönen schuf,
Nach langen Lenzen, gottgeweihten!
Heil unserm Volke, das mit Wucht
Die Scholle pflügt, der wir entstammen,
Und dennoch Lebensgipfel sucht,
Drauf ew'ge Wachefeuer flammen.

O Deutschland, was dich herrlich macht,
Sind deines Herzens starke Triebe
Zu Dichtung, Frauen, Liederpracht;
Dein bestes Teil ist deine Liebe.
Und wie um trotz'ger Eichen Schaft
Sich wilde Rosen blühend ranken,
So schlingt um deutsche Reckenkraft
Die Schönheit ihre Lenzgedanken.

Die deutsche Mannestreue hoch!
Wohl hat sie herrlich Gut erkoren,
Doch höher steht ihr, heil'ger noch

Das Vaterland, dem sie geboren.
Um unsre Münstertürme saust
Der Freiheit Geist in heil'gem Grimme,
Durch unsre Eichenwälder braust
Des Schlachtengottes Donnerstimme.

Solang' noch unsre Wange brennt
Beim holden Gruße schöner Frauen,
Solang' man Arbeit heilig nennt
Und Treue gilt in deutschen Gauen,
Solang' vom Wasgau bis zum Belt
Wir treu zu Gott und Kaiser halten,
So lang' wird keine Macht der Welt
Der deutschen Marken Grundwerk spalten.

Des hohen Erbteils walte frei,
Mein Volk, daß deinem Schwert, dem scharfen,
Geeint des Friedens Pflugschar sei,
Und Liederfrühling deinen Harfen;
Ein tiefes Lied, ein heller Schlag
Und ein Gebet voran den beiden —
So darfst du, grüßend neuen Tag,
Vom stürzenden Jahrhundert scheiden.

Ein Bild

In schwerem Rahmen, massig, goldgezackt,
Ein Frauenkopf mit Augen, traumhaft starren,
Die tief im Herzen, das ihr Bann gepackt,
Gleich Pfeilen, weichbefiederten, verharren.
Der braunen Haarflut golddurchstrählte Wirrn
Wie küssend flutend um die schmale Stirn,
Der feine Mund lichtrot, doch herb verschlossen,
Seltsam der Ausdruck. Sinnend, lichtdurchschossen,
Fremd, vornehm, süß des Angesichts Oval,
Darüber wie durch Sturmgewölk geflossen
Ein herbstlicher, gequälter Sonnenstrahl —

Was ist's, daß sich um Erdenschönheit schmiegt
Ein tiefer Schatten, den kein Glanz besiegt?
Was ist's, daß sie mit schwermutvoller Frage
Geheim gepaart, daß in ihr mit Gewalt
Als tiefverletzte goldne Saite hallt
Ein Weh um Edens längstverblühte Tage?
Was ist's, daß mitten aus der Schönheit Schoß
Ein Menschenherz, das sich gesonnt in Pracht,
Urplötzlich aufschreckt, einsam, heimatlos?
Was ist's, daß Schönheit Herzen traurig macht?
Ist's, weil sie schnell und kaum gegrüßt verglommen
Gleich Alpenleuchten über Bergesferne?
Ach, alle Schönheit trägt den Tod im Kerne

Und füllt kein Herz, das Leben sucht, vollkommen.
Wohl darf der Menschheit wonnedurst'ger Mund
Dies Erdenglück durch tausend Lieder tragen,
Daß aus des Daseins tränensattem Grund
Die Schönheit still den Scharlachkelch geschlagen,
Daß über Wust, von Sodoms Schutt umstaubt,
Dem Trümmerberg von Sünde, Schuld und Kummer
Fremdartig, traumhaft im Vollendungsschlummer
Die Schönheit hebt ihr goldgesäumtes Haupt —

Doch höher zielt des Schöpfers Lebensplan.
Nicht sänftiglich, nein, als ein Schwert, das schneidet,
Beschreibt die Schönheit ihre Flammenbahn.
Vieltausend sind es, die, zum Staub gewendet,
Klanglos den Lauf in Sättigung beendet;
Wohl dem, der Schmerz im Schönheitskusse leidet.
Dies ew'ge Weh, mit dem durchs Leben geht
Einsam und unverstanden der Poet,
Er führt zu Gott, und alle Schönheitstrauer,
Die unser Haupt als Kranz der Schwermut trug,
Sie tilgt dereinst im Auferstehungsflug
Des Wiederfindens großer Freudenschauer;
Was Schönheit hier von Schmerz und Abschied sprach,
Das klingt — wie bald — gleich fernen goldnen Stimmen,
Die rufend über breitem Strome schwimmen,
In der Unendlichkeit als Liebe nach.

Ich aber will, bleibt auch im Erdenwind
Nach Glück gestimmt die Harfe des Propheten,

Nicht leichten Sinns vor deine Schönheit treten,
Noch frohen Herzens, wie ein Sonntagskind.
Du schüttest nicht mit heißem Augenstrahle
Als höchstes Glück, das Sterblichen erlaubt,
Den Rosenregen auf mein trunknes Haupt,
Du reichst mir still die dunkle Schierlingsschale;
Und deine Augen wie verweinte Sterne
Hinbrütend starren in verhüllte Ferne.
Du ziehst vorüber, und im Flüsterton
Spricht süß dein Mund von Lassen und Entsagen —
O Lieb, ich will ja grollen nicht noch klagen,
Es muß mit sanften dämmerweichen Schwingen
Die Poesie den Leidenskelch umschlingen
Versöhnungsvoll mit dunkelrotem Mohn.

Wo sah ich dich mit deinen düstren Brauen
Verhängnisschwer ins Alltagsleben schauen?
Am Griechenmeer, umkost von Wellenschaum,
Auf Ithaka, an einem Mandelbaum?
In einem Park, der weltfern, goldumgittert,
Wo Nelken flammen an verschlungnen Gängen,
Wo sich durch schwarze Taxushecken drängen
Marmorgestalten weißlich und verwittert,
Wo über Treppen, die verrankt, verwildert,
Das Schloß sich hebt, gegiebelt, buntbeschildert?
Sah ich dich dort auf hohem Postament
Im Ahnensaal, durch dessen Fensterscheiben
Septembersonnenstrahl verglühend brennt?
Zogst leibhaft du durch Lärm und Alltagstreiben

An mir vorbei die duftdurchwogte Spur?
Sah ich dich winken lässig auf dem Balle
Dem schwer besternten Oberhofmarschalle?
Sah ich dich einst — war es im Traume nur —
Verschleiert durch die Gassen gehn im Regen,
Und einem Bettler in die Zitterhand
Mit leisem Worte rasch ein Goldstück legen?
  Gleichviel, gleichviel — mich hast du nie gekannt,
Und sähst du mich, du würdest sonder Staunen
Betrachten mich mit Augen, dämmerbraunen,
Und sonder Leid vergessen jenen Tag.
Ich aber will, wie man bekränzen mag
Ein Gottesbild zur Maienzeit mit Ranken,
Umschlingen dich mit Liedern und Gedanken,
Die welken nicht, den Blumen gleich, im Wind.
Laß sie durch Schicksal, Trennung, Zeit und Räume
Dich an mich ketten, wenn du weißt, daß Träume
Der Dichter letztes, bestes Erbteil sind.

Stella peregrina.

So wie man Sterne findet, deren Bahn
Den Erdkreis streift auf Nimmerwiedersehen,
Wohl deshalb nur, daß ihr Vorübergehen
Uns habe Schmerz und Heimweh angetan,

Zog deiner Liebe tiefe Melodie
An mir vorbei, zu Gott zurückzuschweben,
Und in der ewigen Melancholie
Meiner Gedanken ewig fortzuleben.

Asterope.

Ein Frauenbild in fremder Galerie,
Ein Bild so schön, daß sein Geheimnisschauer
Das Herz getränkt mit Sehnsucht ew'ger Dauer,
Sprach geisterhaft: Geh, doch vergiß mich nie.
Mein Name? Nichts und alles. Frag nicht, neige
Dich meiner Schwermut rätseltiefer Macht,
Und war's ein Wunsch, den dir mein Blick entfacht,
Für diese Welt gebiete, daß er schweige.
Vergeblich ist es, daß du mich beweinst.
Nenn mich: Im Strom ertrunken. Nenn mich: Einst.
Nenn mich: Umsonst. Verloren. Unerreicht.
Doch wenn du beten kannst, nenn mich: Dereinst. Vielleicht.

Firnenweg.

Einsam durchs Leben geht
In Sehnsuchtsschauer
Und sanfter Trauer
Still der Poet,

Suchend im Kuß der Frau
Nicht Alltagssterne,
Doch Traum und Tau
Verlorner Ferne.

Gast, der beim Frohgelag
Becherreste
Darbringt dem großen Tag
Ewiger Feste;

Hirsch, der am Waldteich trinkt
Über den Fluten
Das große Verbluten
Der Sonne, die sinkt.

Verleuchtender Tag.

Im blühenden Gartenlande
Liegt einsam, von Flieder umbuscht,
Ein Brunnen mit leckem Rande,
Um dessen Steingirlande
Der Blätterschatten huscht.

In heiliger Jugendstunde,
Als glühend und ohne Laut
Die brütende Gartenrunde,
Hab' dort mit bebendem Munde
Ich meine Liebe vertraut.

Und Stille. Im Glutgeflimmer
Des Mittags erstarb mein Wort.
Ich wandte mich ab für immer,
Zu wandern durch Staub und Schimmer
Weit über die Heide fort.

Nun hab' ich den Schritt gewendet
Zur Heimat, müde und alt,
Und keine Sonne mehr blendet.
Die Liebe hat nie geendet,
Sie wurde nimmer kalt.

Noch rieselt mit lecken Seiten,
Geborsten, der Marmortrog,
Darüber aus Parkesweiten
In süßen verschollnen Zeiten
Der Liebsten Lachen flog.

Und wieder, wo einst wir gesessen,
Umspinnt mich heißstrahlender Tag;
O Jugendglück, nicht ermessen,
O Liebste, niemals besessen,
Kommt, daß ich danken mag.

Ich will nicht grollend vergeben,
Doch segnen dich, tiefgerührt,
Daß einst du mit Widerstreben
Durch ein verworrenes Leben
Den Pflug des Schmerzes geführt.

Es hat sich dem Greise gelichtet
Vergangnes, von Hüllen befreit;
Was ihm versagt und vernichtet
An Glück, war Aussaat, gerichtet
Der rauschenden reifenden Zeit.

Wohl hab' ich verträumt in Gedanken,
Vertrauert manch Lebensziel ..
Vorüber — durch neue Ranken
Treibt wechselnd, mit Zittern und Schwanken
Die Sonne ihr ewiges Spiel.

Und traumhaft plätschert der Bronnen —
Das klingt wie süße Mär,
Als ob das Leben verronnen
Und ewiges Glück begonnen
Im Himmel wär'.

Der Feldweg.

Vom Ulmenwald, dem dunklen, schwermutvollen,
Der Schierlingduft und ew'ge Kühlung haucht,
Dehnt flammengelb, in Sommerluft getaucht,
Das Kornfeld sich, glutzitternd, weltverschollen.

Am Wegrain dort — es war zum letztenmal —,
Verlornes Lieb, schritt ich an deiner Seite,
Viel Engel gaben freundlich uns Geleite,
Sie blieben dir — mein Weg sank rasch zu Tal.

Nun geh' ich einsam durch die Mittagsstunde
Dein denkend hin, und mir am Wege blüht
So reich der Mohn, als hab' mein Herz versprüht
Achtlos das Blut aus tiefgeheimer Wunde.

Ach, bringen wird kein künft'ger Sommertag
Zurück mir je, was folgend deinen Schritten
Still mit dir selbst zur Dämmerung geglitten —
Nachtwandelnd geh' ich durch den heißen Hag.

Das Leben lacht, auf fremden Feldern schimmert
Halmschwer das Korn; Gott geb' ihm gut Gedeihn.
Bald bringen sie den Erntesegen ein,
Durch goldnen Staub schon fern die Sichel flimmert.

Ich aber will mit leergebliebner Hand
Dich segnen, Glück, das einem andern reifte,
Und will die Stirn, die finstre, blitzgestreifte,
Aufrichten still zum ew'gen Ernteland.

Abendlied.

Der Sonne nach, die sinkend scheint,
Zieh' ich verlassen, unbeweint,
Von meines Glückes Stätte;
Was Gott mir lieh an Gut und Wert,
Liegt leergebrannt, ach, daß geehrt
Und treu gewahrt ich's hätte!

Ich wies vorbei
Die heiligen Drei,
Den Glauben, die Liebe, das Hoffen;
Ich habe gestürzt den Goldpokal
Der flammenden Lust — nun dehnt sich fahl
Die Heide, braun und offen.

Ich gehe fort
Vom zerstörten Ort;
Am Wegrand in schwarzen Lachen
Ertrinkt mißfarbiges Abendrot,
Und blechern wimmert in Todesnot
Ein Glöcklein über den Brachen.

Das ist mein Herz, das, aus der Welt
Sich lösend, bang um Hülfe gellt,
So wie verirrt im Lande
Ein Kind, verlassen, todgeweiht,
Um Hülfe schwach und schaurig schreit
Seitab am Hügelrande.

Ach, Herr, nimm hin mein Lebensgut,
Zerbrich mir Ehre, Stolz und Mut,
Doch neig dich meinem Bangen,
Vergönne, daß mein letzter Schrei
Ein „Dennoch, Herr, dir glaub' ich" sei;
Mehr will ich nicht erlangen.

Komm Hirt, allew'ger, führe du
Dein Kind der großen Heimat zu,
Durch Kreuz und Sterbestunden;
Halt über allen Sündern Wacht,
Bis sie sich dir zurückgebracht
Und selig heimgefunden.

Bergpsalm.

Ein Schneeberg ragt ins heiße Land,
Der seine Schroffen leuchtend zückt,
Tief unten wogt im Sonnenbrand
Die Fläche goldschwer, halmerdrückt.

Dort hasten Menschen, ohne Ruhn,
Der Scholle nah, der Fron gewöhnt,
Nach Gut und Geld in hartem Tun;
Die Sichel klingt, die Kelter dröhnt.

Doch mahnend rauscht vom Berg ein Duft,
Der kühl das Haar des Schnitters wirrt,
Und leise durch die Flimmerluft
Ein Ahnen ew'ger Ernten irrt.

So sendet weltfern der Poet
Zum Volke, das in heißem Streit
Arm und gebückt am Pfluge geht,
Die Botschaft großer Feierzeit.

Oktobersonne.

Es rauscht der starke Herbst ins Land
Mit strömendem Ungemach,
Da wandern hoch über dem Waldesrand
Die Vögel der Sonne nach.

Auch unser Herz soll südwärts ziehn,
Noch einmal in warmer Pracht
Entgegen den jubelnden Melodien
Des Glückes, das selig macht.

Es träumt der sonnenschwere Park,
Den früher Reif durchwob,
Am Wegesrand blühn voll und stark
Verbenen und Heliotrop,

Noch würzig aus dunkler Kelcheszier
Der Nelke Duft entquillt,
Und purpursaftend am heißen Spalier
Die Nektarine schwillt.

Dein blütenroter Mund schwillt auch
Mit schwach gesträubtem Saum
Entgegen dem letzten Sonnenhauch,
Dem letzten Liebestraum.

Komm! Schützend umklettert die schimmernde Bank
Das Rebengewirr von Terlan;
Rings Schweigen, durchs scharlachne Weingerank
Blinzelt ein steinerner Pan.

Letzter Sonnentag.

Es segeln südwärts über den Wald
Die Störche der Sonne zu,
Nun gehen auch wir, wie bald, wie bald,
Mein Lieb, zur Ruh'.

Wir wollen danken mit leisem Mund
Für alle genoßne Pracht,
Für alles, was uns im Herzensgrund
Erschüttert und selig gemacht.

Wir wollen, nun still der Tag verloht,
Hinziehen durchs dämmernde Land,
Wie Kinder im letzten Sonnenrot
Heimwandern Hand in Hand.

Wir dürfen grollen und klagen kaum,
Daß kühl zum Herbste treibt
Das letzte Blatt vom Lebensbaum,
Denn unsre Liebe bleibt.

Nicht ist sie mit Jahren der Seligkeit
Gleich Sonnen gewandert stromab —
Nein, sprengen wird sie zur Frührotzeit
Barmherzig das tiefste Grab,

Wird leuchten dem letzten Auferstehn
Und tilgen den letzten Schrei —
Komm, Lieb, wir wollen beten gehn,
Es rauscht der Herbst vorbei.

Dein müdes Haupt neig meinem zu,
Im fröstelnden Sonnenschein
An meiner Brust in tiefer Ruh'
Schlaf ein.

Wanderfahrt

Der Taugenichts.

Die Eltern trug man alle beide
Vors Tor hinaus zur letzten Ruh',
Den Basen schuf ich Herzeleide,
Tat Gutes nicht, zerriß viel Schuh'.

Die Schläge wurden mir zu derbe,
Der Rock zu eng, die Kost zu schmal,
Die Mägdlein und der Wein zu herbe —
Nur eine küßt ich manchesmal.

So tät die Wanderschaft mich locken;
Das Herz war leicht, der Beutel leer,
Sie läuteten darob mit Glocken —
Ein Mägdlein, glaub' ich, weinte sehr.

Ich hab' mich lang umhergetrieben,
In manchem Land, an manchem Ort,
Mit Güte oft, und meist mit Hieben,
Half ich mir glücklich weiter fort.

Und als mir's endlich wohlergangen
Und meine Taschen leidlich schwer,
Da faßte mich allgleich Verlangen
Nach Heimatluft und Wiederkehr.

Schon tönt des Rosselenkers Blasen,
Die Giebel nicken altersmatt,
Und aus dem Pflaster grünt der Rasen,
Sei mir gegrüßt, o Vaterstadt!

Der Frühlingswind wirrt mir die Haare,
Ich stehe stumm auf der Bastei,
Durchs Abendrot, das stille, klare,
Ziehn Schwalben mit süßmattem Schrei.

Es steht da drüben noch am Markte
Das Haus, wo ich geboren bin,
Wo man zur Ruh' die Eltern sargte;
Jetzt wohnt ein fremdes Volk darin.

Dort auf der Stadtmark liegen Rinder
Buntscheckig, träg' im Abendschein,
Dazwischen tummeln fremde Kinder
Hell lachend sich in Spielerein.

Es naht ein Paar und schreitet weiter,
Ihr Händchen grüßt mich, goldberingt ...
Doch bin nicht ich der Mann, der heiter,
Blondbärtig, kraftvoll sie umschlingt,

Sie hängt am Arme eines andern,
Sie plaudert und sieht glücklich aus —
Ich glaub', ich werde weiter wandern,
Weit in die weite Welt hinaus.

Spielmannslied.

Drei Rosen gab sie mir, drei Küsse —
Sie sprach von Lieb' und ew'ger Treu,
Es blühten Flieder und Narzisse,
Die Grillen sangen fern im Heu.

Doch eh' die Rosen welk im Grase,
Und eh' verrauscht die Junizeit,
Da hatten Eltern und Frau Base
Dem reichen Manne sie gefreit.

Und tags darauf lag mir zu Füßen
Die Heimatstadt im Abendstrahl,
Die Rosen warf als letztes Grüßen
Hinunter ich ins tiefe Tal,

Doch die drei Küsse gab ich weiter,
Und ward ein Spielmann wohlbekannt,
Der fiedeln geht, bald ernst, bald heiter,
Von Tür zu Tür, von Land zu Land.

Böse Heimkehr.

Ihr Gassen, ihr Giebel, du mürrisches Tor,
Euch grüß' ich betrübt und gemach —
Schon krächzen die Dohlen, schon liegt mir im Ohr
Der Basen Weh und Ach.

Als froher Geselle zog ich hinaus,
Hab' keck gelärmt und gelacht;
Nun schleich' ich durchs Seitenpförtlein nach Haus,
Hab's nicht zum Meister gebracht.

Ich habe nur eins gelernt und erkannt
Nach manchem verträumten Jahr:
Daß der Himmel dort unten im Süderland
Zu blau, zu lachend war,

Daß die Menschen zu froh und zu leicht von Sinn,
Die Blumen zu reich an Duft —
Nun pfeift mir gar frostig um das Kinn
Die deutsche Regenluft.

Das Herz ist müde, die Wange braun,
Zerrissen mein Wanderrock;
Ruh aus am ersten besten Zaun,
Du treuer Knotenstock.

Ich hab' gezählt mein fahrend Gut
Und fand, daß nichts mir blieb,
Als ein welker Jasminstrauß am alten Hut
Und in Welschland ein falsches Lieb.

Lied des Gefangenen.

Als mir die Base prophezeit,
Groß' Ehr' würd' ich gewinnen,
Schuf ich den Eltern Herzeleid,
Lief aus der Stadt zur Frührotzeit,
Ließ auch Feinslieb darinnen.

Der Landsknecht rafft viel Geld und Gut,
Jagt in den Tod sein Leben,
Die Rabenfeder schwankt am Hut,
Das rote Trumpfas deutet Blut,
Herzdame schlägt daneben.

Und über einer Spanne Frist
Werd' ich gar hoch geehret ...
Ach, daß der Base Trug und List
Mich armen Christ
Das Fliegen hätt' gelehret.

Ich flög' mit Kunst und Zauberein
Empor zur Morgenwende,
Gen Straßburg durch Sturm und Wetterschein,
Ein flatternder Wicht; Feinslieb, laß ein —
Jed Herzleid nähm' ein Ende.

Da wach' ich auf — der Morgen loht,
Die Glocken gellen und läuten,
Die Stube starrt vor lauter Rot;
Maria, Helferin der Not,
Der Traum will Arges deuten.

Der Würfel fiel, der Krug zersprang,
Und aus dem Wachtverließe
Geht's morgen früh den letzten Gang
Bei Pfeifenklang
Und Trommelschlag in die Spieße.

Vom Scheiden.

Wenn dir ein Mägdlein recht gefällt
Und sie nimmt einen andern,
Dann heißt es, in die weite Welt
Zu wandern.

Da draußen viele Mädchen sind,
So viele blond und braune,
Als Rosen blühn im Maienwind
Am Zaune.

Mit neuem Glück am neuen Ort
Zufrieden sind die mehrsten,
Oft treibt ein zweiter Nagel fort
Den ersten.

Doch wenn die Kur dir schlecht gelingt,
So werde Kapuziner,
Und wenn kein Ablaß Frieden bringt,
Trink Valtelliner.

Trink aus, und würfle bei Morgenrot
Um Dirnen mit blankem Messer —
Stäch' dich vorher ein Landsknecht tot,
Wär's besser.

Und tut er's nicht, so zeche fort,
Doch wirf hinaus auf die Gasse
Die Menschen mit ihrem Krämerwort,
Daß Liebe sich heilen lasse …

Wenn dir ein Mägdlein recht gefällt
Und sie nimmt einen andern,
Dann ist's am besten, aus der Welt
Zu wandern.

Carmen.

I.

Ganz blumenhaft, gewiegt vom Sonnenstrahle,
Das feine Köpfchen träumerisch verdrossen,
Von der Mantilla Faltenwurf umschlossen,
Drin eine Nadel von Toledostahle.

Ihr Händchen flog, das ringgeschmückte, schmale,
Im Fächerspiel, es scherzten die Genossen;
Da plötzlich hielt, hintastend an den Gossen,
Ein Greis ihr hin die leere Sammelschale.

Kein einzig Wort, nur eine scharfe Volte,
Ein Fächerschlag — und fort der Teller rollte,
Die Mutter sprach: Erschrick nicht, Carmencita.

Und dann zu uns: Ihr müßt sie recht verstehen,
Sie ist so gut und kann nicht leiden sehen ..
Sie ist nervös, die arme Marquesita! ..

II.

Es drängt das Volk an der Barrera Reifen,
Ein braver Stier ward heut' zum Kampf gesendet;
Seht, wie er rast, von Staub und Wut geblendet,
Röchelnd und wild, bedeckt mit Blut und Schleifen!

Das brechend Auge läßt im Kreise schweifen
Ein Picador, vom Horne umgewendet,
Acht Pferde liegen aufgeschlitzt, verendet —
Ein Toben ist's, ein Stampfen und ein Pfeifen.

Das Händchen ballt, das blasse und nervöse,
Die Marquesita — doch schon naht der Rächer,
Mit Schwert und Capa tritt er aus dem Tore.

Und toller, brausender wird das Getöse;
Sie lacht vor Glück — Armbänder, Blumen, Fächer
Wirft an den Kopf sie dem Toreadore.

Römische Freske.

Amor, der lose, wählte sich zum Ziel
Die blonde Römerin, dieweil sie Sieste
Im Gartenhaus gehalten zu Präneste;
Er ward ertappt und büßt nun für sein Spiel.

Den Knaben hält die Zürnende bezwungen,
Sie lähmt sein wild gesträubtes Schwingenpaar
Und geißelt ihn am blum'gen Hausaltar
Mit Lorbeerreisern, scharf wie Flammenzungen.

Zwei Mägdlein, schlank, in Goldsandalenzier,
Am Vorhang spähn in scheu verhohlnem Flüstern;
Die Große spöttisch, harten Auges, lüstern,
Die Jüngste furchtsam, doch voll Schaubegier.

Verknisternd schwelt vom goldnen Räucherbecken
Ein gluterfaßter, voller Rosenkranz;
Weißflatternd wiegt sich über Lust und Schrecken
Ein Taubenschwarm im heißen Sonnenglanz.

Gretchen im Winde.

Ein Mädchen süß, ein Mädchen flink,
Dabei den Namen Gretchen,
Als Schmetterling, den keiner fing,
Fliegt sie durch Busch und Beetchen.

Die Veilchenaugen minniglich
Und hell wie Hochzeitskerzen,
Im Köpfchen einen Sonnenstich,
Aprilwind tief im Herzen.

Die Stimme silbern und gesund
Wie eines Glöckleins Klingeln,
Ein Lächeln um den Kirschenmund
Wie eines Schlängleins Ringeln.

In ihrem Garten vor dem Tor
In Treuen rauscht die Linde,
Auf allen Beeten blühn davor
Vergißmeinnicht im Winde,

Doch wenn man ihr von Liebe spricht,
Pflückt lachend unterdessen
Vergißmeinnicht das Schelmgesicht;
Mich hat sie längst vergessen.

Spätherbst.

Es liegt verlassen am südlichen Meer
Die Villa unter den Eiben,
Die Gänge sind stumm, die Hallen leer,
Der Regen schlägt an die Scheiben.

Du bist gegangen dahin, dahin,
Weil du dem Winter grolltest,
Weil du nicht länger den Schmuck von Rubin
Dem Hofhund zeigen wolltest;

Du bist wie die Schwalbe gezogen dahin
Vom Dache rotgegiebelt,
Wo sie doch oft mit frohem Sinn
Gezwitschert hat und geliebelt.

Kämst du nun heim — wozu? warum?
Die Rosen wären gestorben,
Die Brunnen erfroren, leer und stumm,
Die Hecken geschoren, verdorben.

Ich habe verfolgt im nassen Kies
Die Spuren, die schlanken, schmalen,
Die dein fliehend Füßchen stehen ließ,
In Groll und bittern Qualen.

Ich hör' deine knisternde Schleppe nicht mehr
Die Stufen hinuntersurren,
Ich höre nur noch das Tyrrhenische Meer
Im Sturme grollen und murren,

Ich höre nur noch im Gartenhag
Sausen die nassen Zypressen,
Und bete, daß Gott mir verhelfen mag,
Dich zu vergessen!

Desdemona.

In Sommernächten löst sich aus dem Schatten
Gesunkner, meerbespülter Prachtportale
Oft eine Gondel treibend im Kanale
Mit Ruderschlägen, leisen, sterbensmatten.

Drin eine Frau, den Leib, den farbensatten,
Zurückgelehnt, reglos im Mondenstrahle,
Indes die Hand, die weiße, wunderschmale,
Im Wasser schleift, dem dunklen, spiegelglatten.

Und plötzlich wirft sie, gleitend auf dem Meere,
Zurück des Schleiers schwarzgezackte Spitzen
Und blickt dich lieb mit toten Augen an.

Dann schlägt das Kreuz, entsetzt, dein Gondoliere;
Sie zieht, indes die Ruder bläulich blitzen,
Vorüber auf der dunklen Wasserbahn.

Hochmittag.

Als ich die schöne Stadt verlassen,
Stieß um die Dächer wild der Sturm,
Der Regen rann in allen Gassen,
Die Dohlen schrien um jeden Turm.

Zu zwei verhängten Fenstern drüben
Warf ich empor, voll Groll und Leid,
Stumm einen Blick noch, einen trüben —
Dann ging ich fort für lange Zeit.

Nun kommt es, daß ich wiederkehre,
Ich schaue still ins Tal zurück;
Was einst war Schmerz und bittre Lehre,
Hat sich gewandt zu spätem Glück.

Sie, die mir einst den Sturm aus Norden
Gesandt — daß Gott es ihr vergelt' —,
Ist eine schöne Frau geworden,
Mit sich zufrieden und der Welt.

Die Stadt mit ihren schlanken Türmen
Liegt fern und still im Abendgold,
Auch zog vorbei das letzte Stürmen,
Das damals mir durchs Herz gegrollt;

Es gingen längst schon auf die Reise
Die holden Jugendträumerei'n
Wie Sommerfäden, müd' und leise,
Am Heckenrand im Sonnenschein.

Und dennoch gäb' ich allen Segen
Des spät gereiften Glücks dafür,
Könnt' harren ich bei Sturm und Regen
Noch einmal vor der Liebsten Tür;

Könnt' einmal ich zusammenbrechen
Zu Füßen ihr, und inniglich
Aus tiefstem Herzen gläubig sprechen:
Mein süßes Lieb, ich liebe dich!

Auch du!

Nun hast auch du gelassen
Von Groll und edlem Streit,
Du fandest goldne Gassen
Der Weltzufriedenheit. —

Mich mahnt dein Herz, das helle,
Nun frei von Kampf und Weh,
An eine Riesenwelle,
Die müde ward der See,

Die sich im Überborden
Einst aus dem Meer gewiegt
Und nun, zum Teich geworden,
Tiefblau im Walde liegt.

Wohl deckt mit Blütenflocken
Mittsommers sie das Rohr,
Wohl tönt's wie ferne Glocken
Aus ihrem Grund hervor;

Wohl nicken grüne Erlen
Darüber, schlummerschwer —
Doch hat sie keine Perlen
Und keine Stürme mehr.

An . . .

In dies Klavier griff eine kleine Hand,
Ringblitzend, mit nervösem Fächerschlage,
Und eine Saite hat sich leicht verspannt.

Sie tat es schüchtern, gleichsam ohne Klage,
Doch wenn ein Meister in den Tasten jetzt
Aufwühlend grollt, klingt scheu, wie eine Frage

Die Saite durch, bangzitternd, feinverletzt.
So geht's auch dir; in deines Herzens Grunde
Lebt solch ein Riß. Es litt ihn, stillentsetzt,
Und klingt nun falsch seit jener bösen Stunde.

Es singt von Liebe noch und singt vom Mai,
Doch stört das Tröpfeln aus geheimer Wunde ...
Ein Schauer überjagt der Hörer Runde,
Und jeder fühlt: hier ging der Tod vorbei.

Altes Bild.

Der Markusdom, der bunte, klangumtönte,
Hat seine Pforten gähnend aufgeschlagen,
Am Hochaltar, wo Priester Kerzen tragen,
Thront stolz der Doge, der vom Volk gekrönte.

Es lehnt an ihm in mädchenhaftem Zagen
Sein junges Weib, das holde, glückverschönte,
Ein Page, der an Schleppendienst gewöhnte,
Kniet stumm dabei in Puffenwams und Kragen.

Der Weihrauch dampft, zu Ende geht die Messe,
Es blickt verklärt die schöne Dogaresse ...
Doch sehen könnt ihr, wenn ihr näher tretet,

Daß tief im Samt, dem dunkelvioletten,
Des Pagen Hand und ihre sich verketten —
Der alte Doge kniet im Stuhl und betet.

Lied der Ghawâze.

Seidne Gewänder,
Spangen von Gold —
Kann es nicht ändern,
Hab's so gewollt.

Bunt sind die Kleider,
Falsch das Geschmeid',
Falsch meine Liebe,
Echt nur mein Leid.

Was ist mein Leben?
Tolles Gewirr,
Lachende Lüge,
Schellengeklirr.

Keiner hat lieb mich
Auf dieser Welt,
Tanzen und singen
Muß ich für Geld.

Einmal noch blicke
Freundlich mich an —
Weißt ja nicht morgen,
Daß du's getan.

Bin eine Flamme,
Die, windgewiegt,
Lodert und leuchtet
Und früh verfliegt.

Im Sonnenschein.

Wir sitzen beisammen in seliger Lust
Auf griechischen Tempelquadern,
Es leuchtet der Himmel, es schwillt unsre Brust,
Die Jugend pocht in den Adern.
Wir sind dem Glücke der Götter nah,
Weichschäumend wirft sein Getriebe
Das kosende Meer um Ithaka —
O, daß es ewig so bliebe.

Es schlummert dein goldumstobnes Haupt
Im Schatten surrender Myrten,
Du lächelst, in Fernen glutdurchstaubt
Singen albanische Hirten;
Buntscheckige Ziegen klettern schnell
Durch bröckelndes Felsgeschiebe,
Und drüber die Sonne so hell, so hell,
O, daß es ewig so bliebe.

Es wird nicht bleiben. Dic Sonne will
Uns küssen im Niederwandern;
Eh' sie versunken, großäugig, still,
Liebst du längst einen andern.
Das Glück hat keinen Heimatsort,
Das beste bei Frühling und Liebe
Ist jenes törichte süße Wort:
O, daß es ewig so bliebe!

Meeresleuchten.

Das Meer die grünen Wellen hob,
Der Tag ging früh zur Neige,
Der Wind in schwülen Stößen schnob
Durchs sausende Myrtengezweige.

Heißdunstig flogen von Süden her
Die Wolken, die jagenden, feuchten,
Es pflügte der Sturm das donnernde Meer,
Die Wellen begannen zu leuchten.

Da sank dein windumtobnes Haupt
An meine Brust, bezwungen,
Dein Herz, das ich erstarrt geglaubt,
Hat Auferstehung errungen,

Es kam in seinem tiefsten Grund
Des Trotzes Kern zu brechen,
Dein herber, rotgesäumter Mund
Begann von Liebe zu sprechen.

Dein Herz will wie die weite See
Kühl und großatmend branden,
Einsam im Glücke, stolz in Weh,
Unnahbar, unverstanden,

Und nur bei Stürmen großer Art
Wird jäh im Weltgetriebe
Das seltne Leuchten offenbart,
Das Leuchten deiner Liebe.

Künstlerroman.

Als tot auf schlechtem Gasthofbette lag
Sein junges Weib bei Unschlittkerzenflammen,
Da schob Papier, verstreutes, er zusammen,
Und schrieb darauf bis an den grauen Tag.

Es ward an Inhalt und an süßem Schalle
Ein also großes, ewiges Gedicht,
Daß die Genossen es verstanden nicht
Und schweigend wichen, tiefergriffen alle.

Er aber blieb allein mit einem Sarg,
Darin begrub er seine Jugendliebe,
Und jenes Buch, das ew'gen Ruhm verbarg,
Und das kein Denker leichthin nach ihm schriebe,

Er schob es unters fahle Goldgelock
Als Ruhekissen für die schöne Tote
Und riß sich aus den Hecken einen Stock
Und schritt hinaus ins Morgenlicht, das rote.

Volkslied.

Es steht in Deutschland eine Lind'
Auf einem Friedhof mitten,
In diese alte Linde sind
Zwei Herzen eingeschnitten.

Sie liebten sich, weiß stand der Klee,
Ihr Glück war kaum zu fassen:
Doch als die Schwalbe sang ade,
Da mußten sie sich lassen.

Das eine lebt noch auf der Welt,
Tut singen, lachen und wandern,
Und beten, daß es bald beigesellt
Dem andern.

Dank.

Ein Lied in alle Welt hinaus
Hab' ich dereinst gesandt,
Da kam zurück ein Veilchenstrauß
Als Gruß von fremder Hand;

Ich hab' oft seines Gebers nicht
Lang grübelnd nachgedacht,
Doch hat das Sträußchen frisch und schlicht
Mir reiches Glück gebracht.

Ich weiß ja nun, daß auferweckt
Ein Echo mein Gesang,
Daß ich ein Menschenherz entdeckt,
Darin er widerklang,

Und ob ich auch von Jugend her
Manch Gut und Glück versäumt:
Nun ist mein Dasein nicht mehr leer,
Mein Leben nicht verträumt.

Und klingt mein letztes Lied einst aus
Und bricht mein Wanderstab,
So legt den welken Veilchenstrauß
Am Herzen mir ins Grab.

O Deutschland!

Mondschein und Giebeldächer
In einer deutschen Stadt —
Ich weiß nicht, warum der Anblick
Mich stets ergriffen hat.

Dort drüben beim Lampenscheine
Ein Jüngling starrt ins Licht,
Und schwärmt und schluchzt und empfindet
Sein erstes, sein bestes Gedicht.

Dort sitzt eine junge Mutter,
Die wiegt ihr Kind zur Ruh',
Sie lächelt und sinnt und betet
Und singt ein Lied dazu.

Es blickt auf die mondhellen Giebel
Tiefsinnend ein Greis hinaus,
Er hält in der Hand eine Bibel,
Drin liegt ein welker Strauß.

Die Bäume rauschen, es funkeln
Die Sterne ab und zu;
Dort unten liegen die dunklen
Häuser in tiefer Ruh'.

Es plätschert in alter Weise
Am Simonsplatze der Born,
Von weitem tutet leise
Der Wächter in sein Horn ...

O Deutschland! mir tat's gefallen
In manchem fremden Land,
Dir aber hat Gott vor allen
Das beste Teil erkannt.

Du lebst und schwärmst und dämmerst
In tiefer Seelenruh',
Wenn du dein Eisen hämmerst,
Erklingt ein Lied dazu.

O lasse dir niemals rauben
Die alte Schwärmerei
Für Frauen, Freiheit und Glauben —
Bleib unentwegt dabei!

Daß du vom Born der Sage
Mögst schöpfen Frömmigkeit
Und Kraft zu wuchtigem Schlage
Nun und in Ewigkeit!

Gewitternacht.

Wir schritten zögernd durch den Park,
Es mochte kein Blatt sich regen,
Die Luft war schwer, es dufteten stark
Die Blumen an den Wegen.

Der Teich schlug Wogen schwarz und lau,
Im Schilfe riefen Unken,
Irrlichter stoben schwefelblau
Umher gleich wirren Funken.

Sie hatte mit Beben meinen Arm
Im Dunkeln angenommen,
So gingen wir, an Worten arm,
Glückselig und beklommen.

Ihr Auge trübte sich, es hob
Ihr Busen sich bang und traurig;
Durchs Wipfelgewirr tief atmend stob
Gewitterwind warm und schaurig.

Es rieselten nieder schwer an Duft
Akazienblütenflocken,
Es wehte in Stößen die schwüle Luft
Mir ins Gesicht ihre Locken.

Ein Wetterleuchten zog flammend herauf
In jagendem Wolkengetriebe;
Es stieg auch uns im Herzen auf
Das Lenzgewitter der Liebe.

Letzter Tanz.

Es glüht im Fieber das graue Haus,
Lichtstreifen fallen breit hinaus
Auf sommertrübe Gassen;
Es flammt der Saal von Kerzen ganz,
Und wir beide tanzen den letzten Tanz,
Eh' wir uns müssen lassen.

Ich bin gezogen von Meer zu Meer,
Und als ich heimkam, die Taschen schwer,
Warst du die Braut eines andern;
Die Spatzen riefen's von jedem Dach,
Die Basen zischten und sprachen's nach:
Das kommt vom Wandern, vom Wandern.

Wir tanzen, als habe der Tod dich gepackt,
Es fegt deine Schleppe spitzengezackt
In welken Orangenzweigen,
Schon geht der Zeiger auf Mitternacht,
Dein junger Gemahl, er sieht's und lacht —
Es schluchzen so wild die Geigen ..

Ich wollte, wir irrten im nordischen Land
Von keinem geliebt, von keinem gekannt,
Im Schneesturm über die Heide,
Und daß du ruhtest unbewußt
In meinem Mantel, an meiner Brust,
Und daß wir stürben beide.

Allerseelen.

Es brennen die Kerzen düster,
Der Weihrauch duftet ringsum,
Die Menge kniet mit Geflüster,
Die Orgel wurde stumm.

Es leidet wohl jeder Schmerzen
Um ein geliebtes Blatt,
Das Gott aus dem tiefsten Herzen
Ihm einst gerissen hat,

Doch die verlorene Seele,
Die betend ich gemeint,
Nicht ist sie gestorben in Fehle,
Betrauert und beweint,

Nicht mag entsühnt sie liegen
In einem engen Schrein —
Noch läßt sie die Locken fliegen
In des Lebens Sonnenschein,

Noch ließe sie leuchten finster
Ihr Auge vor Hohn und Spott,
Wenn sie es wüßt', daß im Münster
Ihr Name genannt vor Gott,

Daß, während ein Fest am Herzen
Und der Tanz im Sinn ihr lag,
Für sie gebrannt die Kerzen
Am Allerseelentag.

Und wenn dereinst...

Und wenn dereinst wir Engel sind,
Die überwunden das Leben,
O dürften wir dann im Morgenwind
Mit lächelnden Lippen schweben!

O wären wir frei von Lieb' und Haß,
Daß wir nichts bangten und sehnten,
Daß wir, wie Schmetterlinge im Gras,
Die weichen Flügel dehnten!

Wir werden es nicht. Die Liebespein,
Die wir erfahren auf Erden,
Sie reicht bis in den Himmel hinein,
Wir dürfen nicht los sie werden.

Und wären die Himmel noch so blau
Und noch so sanft unsre Herzen —
Was wir erlitten um eine Frau,
Wir werden es nie verschmerzen.

Und zögen Lenze neu herauf
Gleich Sonnen im Herzensgrunde,
Es hörte doch nimmer zu bluten auf
Der Erdenliebe Wunde.

Wir werden treiben durch Zeit und Raum,
Uns sonnen, uns wiegen und senken,
Und ewig an den Fiebertraum
Glückloser Liebe denken,

Wir werden ewig denken an sie
Mit schwermutvollem Sinne,
Und ewig singen die Melodie
Verlorner erster Minne.

Wüstenweh.

Die Wüste lag im Abendrot,
Gen Theben ritten wir im Trab,
Da fiel mein Roß sich jäh zu Tod
An eines Scheichs verwehtem Grab.

Gelehnt an den erstarrten Bug,
Der hingebettet lag im Sand,
Sah jagen ich im Schattenflug
Ein Dunstgewölk durchs bleiche Land.

Schon fiel der Sonne letzter Strahl
Schräg auf des Nils fahlgelbes Bett,
Es dämmerte im Todestal,
Die Nacht kam über Medinet;

Und als sie auf die Wüste sank,
Die weit sich dehnte, heiß, verblaßt,
Erwachte rings ein wirrer Klang,
So fremd, daß Grauen mich erfaßt'.

Ein Stöhnen war's, ein Schrei von Schmerz
Ohnmächtig, qualvoll, wilder Art,
Als halle nach ein Werk von Erz,
Das bis zum Kern gespalten ward.

Das ist der Wüste großes Weh:
Wohl küßt der Lenz ihr Felsentor,
Doch ruft sein jubelnd Kyrie
Aus ihrer Brust kein Grün hervor.

Allnächtlich blickt der Mond, verblaßt,
Auf braune Hügel, sandverweht,
Daran entlang mit scheuer Hast
Die Karawane lautlos geht.

Allewig starrt im Sonnenschein
Das Riesenbrandmal, staubbefleckt,
Daraus hochrippiges Gebein
Die weißen Knochenmassen streckt.

Und dennoch duldet tiefbewußt
Die Scherbenstätte heiß und rot
In Lebensdrang, in Opferlust —
Das Weltall lebt — nur sie bleibt tot.

Ich kenne gut der Wüste Qual,
Sie hallt in jedem Herzen nach,
Dem an des Lebens Marterpfahl
Ein großes Leid den Glauben brach.

Wohl bäumt es sich vor Lebensdrang,
Wohl stürmt und zittert es darin,
Doch geht der Auferstehungsklang
Der Liebe nicht darüber hin.

Es leidet, doch es blüht nicht mehr
Und selten findet es ein Lied,
Das, wie die Karawane, leer
Und geisterhaft vorüberzieht.

Meerfahrt.

Es pflügt mit triefendem Buge
Das Schiff die Wasserbahn,
Im Mastwerk singt seine Fuge
Zornmütig der Lenzorkan.

Was kümmert uns Kampf und Toben?
Lehn dich an meine Brust;
Wir zwei auf Deck hier oben
Sind uns des Siegs bewußt.

Was kümmern uns die Bilder
Des Todes und der See?
Mein tolles Herz ist wilder
Als jede Westerbö,

Und deines brandet weicher
Und sanfter von Begehr,
Doch ist es perlenreicher
Und tiefer als das Meer.

Bitte.

Wenn einst das Kirchlein offen steht
Im Lindengrün, im Maienstrahl,
Wenn über dich hinbrausend geht
Sieghaft der Orgel Schlußchoral,

Wenn dir vereint auf ewig ward
Der Mann, des Liebe dich beglückt,
Wenn alle dich, nach frommer Art,
Gesegnet und ans Herz gedrückt,

Dann schreite still vom Gotteshaus
Zum Friedhof hin — weit ist es nicht —
Und leg aufs Grab mir einen Strauß
Vergißmeinnicht.

Die verlassene Villa.

Nun ruht die Villa verlassen,
Der Vollmond überfliegt
Weißleuchtend die Marmorterrassen,
Drauf einst dein Fuß sich gewiegt.

Versilbert grüßen die Dächer,
Doch spinnender Ranken Last
Verdüstert die schwülen Gemächer,
Die du bewohnet hast.

Du hast sie verlassen vor Jahren,
Doch blieb in ihnen zurück
Aus deinen dunklen Haaren
Ein Duft von verlornem Glück.

Da draußen blüht schwer der Flieder,
Die Nachtigall schluchzend singt,
Doch wann kehrt ein Frühling wieder,
Der dich zur Heimat bringt?

Wohl will es mich heiß gemahnen
An kommender Lenze Zeit,
Doch es rauschen bang die Platanen
Von versunkner Seligkeit,

Sie rauschen und überschatten
Die schauernden Gärten rings;
Aus dunklen Taxusrabatten
Lacht ein steinerner Sphinx.

Hinüber.

Ich möchte sterben, wenn den letzten Schnee
Der Südwind löscht, wenn sanfte Nebel senken
Sich auf das Tal, wenn über Berg und See
Den Flug zur Heimat Kranichzüge lenken,
Wenn sich gelöst des Winters starres Trauern,
Im warmen Wind lautlos die Bäume schauern,
Wenn ahnungsvoll durch alles, was da lebt,
Ein Hauch von Sehnsucht, junger Liebe schwebt,
Wenn letztes Eis in Menschenherzen taut,
Wenn süß und tief der Orgel Klang vergrollte
Und jenes Lieb, das mein nicht werden sollte,
Zur Kirche schreitet, eines andern Braut —
Dann laß, mein Gott, aus Staub und Erdenwinden
Auch mich den Weg zur ew'gen Heimat finden,
Laß dann auch mich, ein Blatt, gelöst vom Stamme,
Entgegenziehn der großen Liebesflamme,
Der unser Mund verlornes Gut befahl,
Die alles Glück, das wir ersehnt, verloren,
Ans Herz uns bettet, schuldlos, neu geboren;
So laß auch mich an weichen Lenzestagen
Verlorner Liebe letzte, tiefe Qual
An deine Brust, an dein Erbarmen tragen.

Am Südmeer.

Denkst du des Tags, da wir am Südmeer standen?
Wir sahen weit und uferlos es gähnen,
Der trübe Tag mit fahlen Wolkenmähnen
Versank bei Capri über dunklen Landen.

Dein schwarzes Haar flog wirr in feuchten Strähnen,
Du lachtest hell zu Sturm und Wogenstranden,
Der Ozean, in schmetterndem Verbranden,
Warf dir zu Füßen seine bittern Tränen.

Auf Wellen, die vergrollend südwärts wanken,
Zieht heimatlos wie weiße Meeresschäume
Ein jedes Glück, das hoch und herrlich war.

Und unsrer Seele letztes Gut — Gedanken,
Wirft der Orkan, als Perlen und als Träume,
Der Frau zu Füßen, die uns Schmerz gebar.

Daheim.

Ein Weg durch Korn und roten Klee,
Darüber der Lerche Singen,
Das stille Dorf, der helle See,
Süßes Wehen, frohes Klingen,

Es wogt das Korn im Sonnenbrand,
Darüber die Glocken schallen —
Sei mir gegrüßt, mein deutsches Land,
Du schönstes Land vor allen.

Traum.

Es war vorbei. —
Das letzte Zucken, der letzte Schrei
Verhallt zu nichts,
Verschmerzt und versunken das Leben,
Es durfte schauernd entschweben
Die Seele zum Quell des Lichts.

Erlöster Erdenpilger lange Züge
Wallten zum Endziel; feiertäglich klang
Und friedevoll ihr hoffnungsfrohes Beten.
Sie zogen hin, als ob sie aufwärts trüge
Ein großes Sehnen, Greise neben Bräuten
Mit stillen Stirnen. Die Gewänder wehten
Im frischen Winde, von der Erde drang
Es wirr herauf wie fernes Glockenläuten.

Auch dich sah ich zur ew'gen Heimat schweben,
Abseits der Menge, im weichbraunen Haar
Den halbverblühten Totenkranz; dein Auge
Von Abschiedstränen noch verdunkelt war.
Du sahst mich an und sprachest leis: Vergib,
Ich habe dich so endlos, endlos lieb,
Vergiß, daß ich dir Schmerz einst schuf und Qual,
Ich hab' geirrt in jenem Nebeltal,
Nun ist's verkämpft .. Dein eigen ward ich doch...

Ein Windstoß braust. In meines Zimmers Raum
Dämmert der Morgen, kalt, entsetzlich fahl,
Ich schrecke auf – und alles war ein Traum –
Ich lebe noch!

Letztes Blühen.

Es kommt noch einmal mir zu Sinn
Der Liebe holdes Wunder;
Wir gehen durch die Mondnacht hin,
Die Nachtigall klagt im Holunder.

Es bettet sich schwer und süß dein Haupt
Auf meine Brust mit Beben,
Mein Herz, das längst ich tot geglaubt,
Erwacht noch einmal zum Leben.

Es schauert und ringt im Mondenlicht,
Weil mit gewaltigem Triebe
Durch seine Tiefen kosend bricht
Der Lenzsturm deiner Liebe.

O gönne mir einen letzten Traum,
Du Kind mit glühenden Wangen:
Bleib treu mir, bis vom Holderbaum
Die Blätter wirbelnd gegangen,

Ich möchte mildern den Abschiedsschmerz
Durch etwas seltsam Neues,
Ich möchte sterbend pressen ans Herz
Ein Frauenherz — ein treues.

Des Glückes Tage gehn im Flug,
Bald ist es Sommermitte ..
Es ist ja nur ein holder Betrug,
Um den ich scheu dich bitte.

Denn fllen die Blätter müd' und lind
Herbstduftnd an den Wegen,
Dann geh auch ich, ein Blatt im Wind,
Dem ewign Lenz entgegen,

Dann ghe auch ich, um weit von hier,
Wohl unte rauschenden Bäumen
In aller Ewigkeit von dir
Und deine: Liebe zu träumen.

In der Fremde.

Nun schmilzt am Weg der letzte Schnee,
Das ist das Litorale —
Tiefblau und blendend liegt die See
Im heißen Sonnenstrahle.

Von jeder Hecke, von jedem Zaun
Verblühte Rosen fliegen,
Lachende Mädchen, schlank und braun,
Aus allen Fenstern liegen,

Wie Riesentrauben stehn in Pracht
Orangen und Mandarinen,
Aus allen Lauben flehn bei Nacht
Verliebte Kavatinen,

Verschränkte Paare schlank und kühn
Durch alle Vignen wandeln,
Das Liebeswerben überblühn
Frohlockend rote Mandeln,

Und tief im heißen, glückseligen Land,
Da rauschen im Winde die Pinien,
Da ragen die Berge unbekannt
In weichen sonnigen Linien,

Und über der See tiefblau und weit
Liegt der Himmel unermessen —
Doch über allem mein Herzeleid
Um dich, die ich in Ewigkeit
Nicht werd' vergessen!

Herbst am Zürichberg.

Schon zittert welk das Ahornblatt
Im müden Sonnenschein,
Die Gassen der alten Limmatstadt
Duften von neuem Wein.

An froher Villen Gartentor
Bleib' ich erwartend stehn,
Als müsse durch späten Rosenflor
Noch einmal die Liebste gehn.

Es decken Nebel den Rebenhang
Und über die Gärten weit
Zieht Frauenlachen süß von Klang —
O Jugend, du heilige Zeit!

Ich bin ein Wandrer mit grauem Haar,
Der schweigend zu segnen kam
Die Sommerlust, die sein einst war,
Das Glück, das Abschied nahm,

Der einmal noch segnet, still von Sinn,
Dies Land, das ihm in Pracht
Des Mannesherzens Hochgewinn,
Die volle Lese gebracht.

Nun trauert verödet und bleich die Flur,
Doch liegen die Stoppeln brach,
Zieht jedes Lebens Pflügerspur
Der ewigen Ernte nach.

Bald goldet auch mir ein fremder Glanz
Den letzten Nebeltag —
Vorüber .. tief unten im Ulmenkranz
Rauscht jubelndes Festgelag.

Im fröstelnden Garten, rotumlaubt,
Die Götterbilder stehn,
Und letzte dunkle Rosen ums Haupt
Schlingt ein trunkner Silen.

Heimwärts.

Ein dürrer Eichbaum droht ins Land,
Dort sitz' ich, mein Leid zu klagen;
Die Ostsee schäumt, Staub deckt den Strand,
Die Blätter wirbeln, jagen.

Die Freunde gut, die Liebchen blond,
Daran mein Herz gehangen,
Wo blieben sie? Am Horizont
Verweht, vorausgegangen.

Verfehlte Liebe, verlornes Glück —
Nun auf durch Erdenschauer,
Unsterblich Herz, zu Gott zurück,
Zum Frühling ew'ger Dauer.

Herbstreise.

So will ich denn noch einmal fahren
Den Rhein hinab zur grauen Stadt;
Die Heimat grüß' ich, wo vor Jahren
Mein Herz geliebt, geblutet hat.

Rauch hüllt die Dächer, in den Scheiben
Spätsommersonne sinkend loht,
Mit süßem Laut die Schwalben treiben
Den schrägen Flug durchs Abendrot.

Es steigt des Domes Schattenmasse
Mit Blumenzier und Turmesknauf
Weltflüchtend aus dem Lärm der Gasse,
Verleuchtend flammt der Tag darauf.

Von Liebchens Haus im Abendschimmer
Das rote Weinlaub fliegt und nickt,
Allein der Sonne Glutgeflimmer
In fremde Frauenaugen blickt.

Auch keine Freunde gilt's zu finden,
Sie schlafen längst, wie's Gott gewollt,
Auf ihren Grabstein schütten Linden
Der braunen Blätter Raschelgold.

Und fremde Kinder jubeln, lachen,
Ein neues, wachsendes Geschlecht,
Nicht hab' ich Träumer unter Wachen
Und Lebensfrohen Heimatrecht.

Studenten zechen vor den Lauben
In hellen Haufen, buntgereiht,
Schon rötet früher Frost die Trauben,
Bald naht die große Wanderzeit,

Gen Süden lenkt im Heimwehtriebe
Ein Kranichheer den Fluch gemach;
Auch du, mein Herz, ziehst deiner Liebe
Und deinem ew'gen Lenze nach.

Abschied.

Nun ging der Sommer sacht zur Neige,
Die Hügel starren reifbekränzt,
Aus triefendem Edeltannengezweige
Das weiße Schloß im Herbsttag glänzt.

Ich möchte noch einmal langsam gehen
An deiner Seite, traumgewiegt,
Wenn durch die dunklen Taxusalleen
Das raschelnde rote Herbstlaub fliegt,

Noch einmal, wenn fern des Gärtners Harke
Den nassen Kiesweg sacht entlaubt,
Möcht' pressen ich tief im rauschenden Parke
An meine Brust dein blondes Haupt.

Dann wie ein Sturm, der schwül geschlagen
Durch Erdenschönheit und Rosenflor,
Will ich den Kranz aus Lenzestagen
In letzten Liedern heimwärts tragen
Zu Gott empor.

FSC
www.fsc.org
MIX
Papier | Fördert gute Waldnutzung
FSC® C083411

Kolibri 360 GmbH
Ferdinand-Jühlke-Straße 7
99095 Erfurt, Deutschland
produktsicherheit@kolibri360.de

12-93

Flame and Combustion

Flame and Combustion

J.A. BARNARD
DSc, PhD, BSc, DIC, ARCS, CEng, FIChemE
Sometime Newton Drew Professor of Chemical Engineering and Fuel Technology, University of Sheffield

and

The late J.N. BRADLEY
DSc, PhD, FRSC
Professor of Chemistry, University of Essex

SECOND EDITION

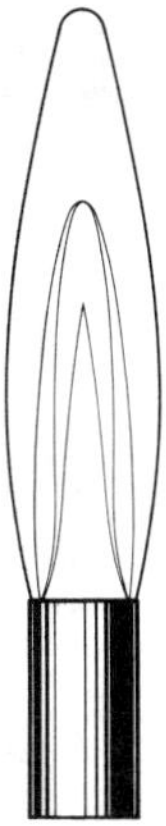

LONDON
NEW YORK
Chapman and Hall

First published 1969
as Flame and Combustion Phenomena *by*
Chapman and Hall Ltd
11 *New Fetter Lane, London EC4P 4EE*
Second edition 1985
Published in the USA by
Chapman and Hall
733 *Third Avenue, New York NY* 10017

Printed in Great Britain by J.W. Arrowsmith Ltd, Bristol

ISBN 0 412 23030 5 (Hardback)
ISBN 0 412 23040 2 (Science Paperback)

British Library Cataloguing in Publication Data

Barnard, J.A.
Flame and combustion.—2nd ed.
1. Combustion
I. Title II. Bradley, J.N.
541.3′61 QD516

ISBN 0–412–23030–5
ISBN 0–412–23040–2 Pbk

Library of Congress Cataloging in Publication Data

Barnard, J.A.
Flame and combustion.

Rev. ed. of: Flame and combustion phenomena / John N. Bradley. 1969.
Bibliography: p.
Includes index.
1. Combustion. 2. Flame. I. Bradley, John N. II. Bradley, John N. Flame and combustion phenomena. III. Title.
QD516.B29 1984 541.3′61 84–14247
ISBN 0–412–23030–5
ISBN 0–412–23040–2 (Science paperbacks; pbk.)